U0303030

小麦—玉米周年种植系统
碳氮高效利用机制与调控

李宗新　代红翠　王　良等　著

科学出版社

北京

内 容 简 介

本书融合科学理论与生产实践，系统阐明了不同秸秆还田与耕作方式下小麦—玉米种植系统生产力和耕层土壤碳氮组分的变化与稳定性，揭示了农田土壤有机碳转化的物理生物协同机制，阐明了周年碳氮运筹实现农田氮增效的关键过程与调控途径，优化并提出了小麦—玉米周年碳氮高效调控技术。

全书深入浅出，具有较强的创新性、实用性与知识性，对作物栽培与耕作学领域的科研人员、教师、研究生、农业技术人员以及农业生产从业者有所裨益。

图书在版编目（CIP）数据

小麦—玉米周年种植系统碳氮高效利用机制与调控 / 李宗新等著. — 北京：科学出版社，2024. 6. — ISBN 978-7-03-078817-7

Ⅰ. S512.1；S513

中国国家版本馆 CIP 数据核字第 2024JV9084 号

责任编辑：李 迪 高璐佳 / 责任校对：郑金红
责任印制：肖 兴 / 封面设计：无极书装

科 学 出 版 社 出版

北京东黄城根北街 16 号
邮政编码：100717
http://www.sciencep.com

北京建宏印刷有限公司印刷

科学出版社发行 各地新华书店经销
*

2024 年 6 月第 一 版 开本：720×1000 1/16
2024 年 6 月第一次印刷 印张：9 1/2
字数：191 000
定价：148.00 元
（如有印装质量问题，我社负责调换）

《小麦—玉米周年种植系统碳氮高效利用机制与调控》著者名单

主要著者

李宗新　代红翠　王　良

其他著者

（以姓名汉语拼音为序）

高英波　刘开昌　刘　晴

钱　欣　沈玉文　张　慧

序

全面推进乡村振兴必须全方位夯实粮食安全基础，耕地质量提升则是保障我国粮食可持续安全供给的根基。习近平总书记在2023年7月20日召开的中央财经委员会第二次会议上强调，"粮食安全是'国之大者'，耕地是粮食生产的命根子，要落实'藏粮于地、藏粮于技'战略，切实加强耕地保护，全力提升耕地质量"。

土壤中碳、氮含量是评估耕地质量的重要指标，并与C/N一起影响着其他元素的迁移和转化过程，是土壤养分循环与转化的核心驱动力以及农作物高产稳产的关键。维持作物高产和耕地质量提升，并降低农田碳排放是当今粮食生产面临的主要挑战。通过农艺与耕作措施优化提升农田碳氮利用效率、增加土壤碳固持与氮储量，对于提升耕地质量、保障粮食安全、实现农业绿色可持续发展具有重要意义。

小麦—玉米一年两熟作为黄淮海地区主要的粮食生产模式，面临粮食安全和农业绿色低碳转型的双重挑战。过度依赖化肥投入、作物秸秆过量还田导致耕地质量退化、肥料利用效率低等问题日益凸显，严重制约着该区域粮食生产的可持续发展。山东省农业科学院小麦玉米生理生态与栽培创新团队基于2012年始建的大田长期定位试验和不同生态区的耕层土壤质量监测网，积累了不同秸秆还田方式与耕作措施下小麦—玉米周年生物产量、碳氮效益以及耕层土壤碳氮组分、团聚体与微生物等大量数据，系统开展了麦玉秸秆还田与农田土壤碳氮调控机制研究，形成了较为系统的麦玉农田碳氮高效利用理论与方法，并撰写了该书。

该书融合科学理论与生产实践，介绍了不同秸秆还田与耕作方式下小麦—玉米种植系统生产力和耕层土壤碳氮组分的变化与稳定性，揭示了农田土壤有机碳转化的物理生物协同机制，阐明了周年碳氮运筹实现农田氮增效的关键过程与调控途径，优化并提出了小麦—玉米周年碳氮高效调控技术。全书深入浅出，具有较强的创新性、实用性与知识性。相信该书的出版将对区域粮食作物高产与养分高效协同、耕地质量提升与生态高效起到积极的推动作用，期待该团队的后续研究为我国粮食安全与农业绿色低碳高质量发展做出更多贡献。

中国工程院院士 徐明岗
2024年1月24日

前　言

　　小麦—玉米一年两熟种植制度是世界上最重要的粮食生产制度之一，实现了对光、热和耕地等自然资源的高效利用。黄淮海地区粮食种植以该制度为主，生产的小麦和玉米分别约占全国的 57%和 35%，近 10 年对全国粮食增产贡献率超过 30%。作物秸秆是粮食生产的重要副产物，还田是其最主要的应用方式，被大面积推广应用于增加土壤碳固持，有效促进了耕地质量提升和粮食丰产。同时，小麦—玉米一年两熟的种植制度集约化程度较高，氮肥施用是维持并增加粮食产量的主要因素，当前对粮食增产的贡献高达 40%。但是，近年来秸秆产量与还田量不断增加，且氮肥投入居高不下，二者过量投入以及作业方式不尽合理等导致了一系列的生产和生态问题。当前统筹秸秆与氮肥管理、协同提高碳氮利用效率仍然是实现农田"提质增效"，"低碳生产"亟须突破的卡点。

　　2008 年以来，我国全面禁止焚烧秸秆，小麦、玉米双季秸秆全量还田是黄淮海地区普遍实施的秸秆管理措施。每年通过秸秆还田投入到小麦、玉米农田中的碳和氮分别约为 3046.0 万 t 和 45.6 万 t。大量的秸秆还田增加了土壤固碳和氮投入，减少了氮损失，相关的理化及生物过程如下：①土壤微生物直接通过同化作用将秸秆中的碳合成为自身生物量，经过细胞的生长与迭代过程向土壤输送微生物源有机碳，或通过分泌胞外酶分解/转化大分子植物源碳积累土壤有机碳；②腐解秸秆携带的负电荷能够吸附土壤中的游离氮，秸秆通过吸收或减少水分流动减少了矿质氮的淋溶；③在充足的碳源环境中，微生物大量繁殖并将矿质氮转化为有机氮，固定土壤氮素，实现土壤碳氮养分协同。统筹秸秆还田和氮肥管理，从碳氮高效视角指导秸秆和氮肥科学管理，能够为小麦—玉米周年生产实践提供理论与技术支撑。

　　实践发现，小麦—玉米一年两熟集约化种植条件下农田长期双季秸秆还田或还田方式不科学也衍生了很多问题。生产层面，普遍存在小麦秸秆处理不到位导致玉米播种质量不高和群体整齐度差，以及双季秸秆过量还田加剧了农田病虫害等问题，适宜集约化种植的秸秆还田方式尚不明确。理论与技术层面，麦玉秸秆还田方式或还田量对农田土壤有机碳固持、氮效率以及周年作物稳产性能的影响机制及调控途径尚不清楚。本书以小麦—玉米周年种植系统为研究对象，在长期定位试验的基础上，系统阐述了秸秆还田下周年氮运筹对作物产量和氮素高效利用的影响，明确了秸秆还田方式影响土壤质量和固碳潜力的机制，解析了秸秆还田与耕作方式互作对周年土壤固碳、碳氮效率和经济效益的影响，并创新提出了小麦—玉米周年种植系统碳氮优化管理技术。本书大部分内容是山东省农业科学院小麦玉米周年高产与养分高效协同创新团队近十年的部分原创性研究成果，期望研究结论在丰富农田碳氮协同高效研究的同时，为小麦—玉米一年两熟种植农田秸秆还田下作物生产、资源高效利用和农田系统碳氮循环过程等领域的研究提供积极指导作用，也希望对作物栽培与耕作学领域的科研人员、教师、研究生、农业技术人员以及农业生产从业者有所裨益。

我们的工作有幸获得了国家重点研发计划项目（2022YFD2300900）、泰山学者工程（tstp20231236）、国家自然科学基金项目（32301965、32001487）、山东省玉米产业体系岗位专家项目（SDAIT-02-07）、山东省自然科学基金项目（ZR2023QC128、ZR2020QC110）等的资助，在此深表感谢。土壤学专家、中国工程院院士、山西农业大学徐明岗教授为本书作序，谨此深致谢忱。

在成书过程中，尽管我们做了很大努力，但由于水平所限，书中不足之处在所难免，敬请广大读者批评指正。

著　者

2023 年 12 月 27 日

目 录

第1章 小麦和玉米秸秆资源应用现状

1.1 秸秆资源总量及其应用途径

作物秸秆是世界第四大能源物质，占世界能源消耗的1/4，是宝贵的生物能量资源。如何利用好秸秆资源，一直是国内外学者关注的研究焦点。中国是农业大国，秸秆资源十分丰富。据统计，2022年我国的秸秆理论资源量为$9.77×10^8$ t，可收集资源量$7.237×10^8$ t，农作物秸秆利用量为$6.62×10^8$ t，综合利用率达89.80%。玉米、稻谷、小麦作为我国主要的粮食作物，其秸秆产量约占全国秸秆总产量的66.5%，是我国秸秆资源的主要来源。2016～2020年，玉米秸秆产量为$3.1×10^8$ t，占比达到44.1%，位居第一；稻谷和小麦秸秆产量分别为$1.9×10^8$ t和$1.5×10^8$ t，占比分别为26.9%和21.3%，分别位列第二和第三。2008～2021年，小麦和玉米秸秆产量随着籽粒产量的提高大幅增加，全国小麦和玉米秸秆总产量增加到$4.44×10^8$ t，其中小麦和玉米秸秆产量增幅分别超过了21%和58%。

秸秆还田因为能够提高土壤质量和作物产量，得到了广泛的应用（Bu et al.，2020；Zhao et al.，2020）。作物秸秆饲料化也是提高小麦—玉米一年两熟轮作种植制度经济效益的有效途径（Li et al.，2021）。因此，秸秆管理在提高作物生产力、土壤肥力以及平衡经济和环境效益方面发挥着重要作用，在我国黄淮海平原集约化的小麦—玉米轮作系统中体现得更为突出（Berhane et al.，2020；Zhao and Zhang，2022）。在政策的干预下，该区域2008年以来普遍采用周年秸秆全量还田的管理方式（Yu et al.，2017）。实际生产中，大量的秸秆还田极大地影响了下茬作物的播种质量，也降低了土壤氮的有效性，甚至引起农田病虫害加剧（Li et al.，2018；Jin et al.，2020）。因此，粮食安全和农业资源低碳转型双重挑战背景下，科学的秸秆还田对小麦—玉米周年丰产高效愈显重要，相关理论与调控途径研究一直是粮食作物领域的研究热点。

提高土壤有机碳含量是培肥土壤的基础和核心，在支持作物丰产和减缓气候变化对农业系统的影响方面起着重要作用（Islam et al.，2022）。作物秸秆还田是大多数农业系统中唯一可行的平衡土壤矿化碳损失的方法。还田秸秆通过土壤微生物的腐解作用提高土壤有机碳和土壤可持续生产力（He et al.，2019；Garba et al.，2022）。然而，提高腐殖化效率和土壤长期碳固存需要碳和养分的输入平衡（Buysse et al.，2013；Kirkby et al.，2013）。秸秆本身的碳氮比较高，增施氮肥平衡碳氮投入有极大的环境风险（Wang et al.，2016）。不增加施氮的条件下，适量减少秸秆还田量是降低农田碳氮投入比的有效措施（Liu et al.，2019）。此外，碳固存率可能会随着时间的推移而下降（West and Johan，2007），并且新的碳输入可能会刺激现有土壤碳的分解（Luo et al.，2015，2016）。基于 176 项大田研究的荟萃分析发现，连续秸秆还田 12 年后导致更小的有机碳固存，或没有额外的有机碳固存（Liu et al.，2014）。未来农业发展需要生产更多的粮食来养活不断增长的人口，同时还需兼顾环境和耕地可持续。除了农田土壤，生产中投入农资的生产和运输也产生了大量的温室气体排放。农田生产中的碳低效是造成温室气体排放上升的主要原因之一（Canadell et al.，2007）。秸秆碳投入促进的土壤有机碳固存抵消了部分农田系统的温室气体排放，显示出巨大的碳中和潜力（Luo et al.，2017；Wang et al.，2018）。但是，过量秸秆还田对土壤固碳没有裨益，适当减量还田利于缓解过量碳投入带来的氮平衡负担。此外，秸秆饲料化和能源化利用能够产生一定的经济效益，是践行大食物观背景下，推进秸秆高质高效利用的重要途径。

综合评价农田系统作物产量、土壤固碳特征、经济效益和碳足迹对构建可持续的秸秆管理模式意义重大。据我们所知，目前秸秆还田的研究多报道了秸秆种类、还田方式以及还田深度对土壤碳固存和作物产量的影响，缺乏相关研究来优化秸秆管理方式、平衡秸秆还田和饲料化冲突，以提高秸秆利用效率和促进农田系统低碳丰产。

1.2　秸秆还田与作物生产

当前研究普遍认为，全球尺度上秸秆还田有利于缩减作物产量差，提升作物生产能力。在我国全国尺度上，秸秆还田可使粮食产量平均提高 6.9%（Liu et al.，2023b）。其中，秸秆还田对小麦—玉米种植系统籽粒产量影响的估算存在很大差异，普遍认为其增加了 6.8%～12.3%的籽粒产量（Zhao et al.，2015；Han et al.，2018；Qi et al.，2019）。然而，秸秆还田对作物产量的影响途径复杂交互，主要决定于耕地质量、土壤的理化特性、区域的气候条件，甚至是施肥等农田管理措施。有研究针对这些因素进行量化分析，认为一年两熟种植制度下气候条件、管理措施和初始土壤性质的贡献分别为 40.1%、49%和 10.9%（Islam et al.，2022）。在小麦—玉米一年两熟种植区，秸秆还田对作物根系和地上部生长的影响是直接或间接决定作物产量的重要因素。

秸秆还田后土壤水、肥、气、热时空分布的改变，改善了根系的生长和分布，进而促进小麦和玉米根系与微生物系统的物质和能量交换，是促进根系生长及其生物量增加的积极因素。通常增大秸秆还田量能够增强这种积极的效应，但是过量的秸秆还田可能会降低根系活力。研究发现，合理的玉米秸秆还田提高了小麦根系活力，促进了养分吸收和物质积累；过量的玉米秸秆还田后，高浓度的秸秆腐解源液会减小小麦根系体积和抑制根系活力。另外，秸秆过量还田可能因携带的病虫体而降低根系活力。

秸秆还田也通过影响整地播种质量影响作物出苗和整齐度，调控作物个体的生长发育进程和群体结构。玉米秸秆还田一定程度上能够增加小麦的有效分蘖数，促进小麦植株株高、茎粗和亩穗数的增加，实现对小麦群体结构的调控。秸秆还田能够有效促进作物生长中后期叶片持绿，维持较高的叶绿素含量和光合速率，进而促进干物质积累。研究发现，玉米秸秆还田有效地提高了小麦叶面积指数和群体净光合速率，同时能够在一定程度上缓解光合午休，利于干物质积累和籽粒产量提高。小麦秸秆还田有效增加了玉米的叶面积指数和穗位叶的光合势。此外，促进光合作用及其产物向籽粒的分配是秸秆还田影响作物产量的重要原因之一。

结合氮肥管理、耕作措施等农田管理方式，因地制宜地推进秸秆的适量还田，对支撑小麦—玉米周年可持续生产意义重大。当前研究多肯定了秸秆还田对作物生产的积极影响，缺乏相关研究明确利于小麦—玉米周年持续丰产的适宜秸秆还田量。

1.3　秸秆还田与耕地质量

华北平原长期集约化的麦玉周年种植方式，导致该地区出现土壤紧实、有机质下降、水肥投入过高、农业污染严重等问题，限制了主粮作物可持续丰产。作为高度集约化的一年两熟区，华北平原每年产生的秸秆量高达 2.3×10^8 t（李新华等，2019）。从物质平衡的角度来看，作物秸秆移出农田会加剧土壤的养分枯竭和有机质丧失，破坏农田生态系统的物质循环，从而降低农田的长期生产力（Yin et al.，2018）。合理的秸秆还田能够简化农田管理、减少环境污染、改善土壤结构和提高土壤质量，有效提高作物产量（Liu et al.，2023a），是兼具经济效益与生态效益的良好措施。综合秸秆还田的诸多优势以及我国"藏粮于地、藏粮于技"的战略，充分利用华北平原丰富的秸秆资源来维持和提高农田生产力，对于保障该地区粮食生产、维护国家粮食安全有着重大意义。

实际生产中，土壤耕作会通过改变土壤结构、水分及通气状况等来影响土壤酶活性，而秸秆还田则通过增加土壤有机质含量及养分的有效性来提高酶活性。不同还田方式下秸秆入土深度不同，影响土壤碳、氮等养分的分布，因此对土壤酶的影响也有区别（孙凯等，2019）。李爽等（2023）的长期试验表明，不同耕作方式主要由于耕作深度的不同导致养分在不同深度土层富集，并引起土壤酶活性的相应变化，免耕、旋耕、深耕分别有利于优化 0～5 cm、5～15 cm、15～35 cm 土层养分并调控相应土层土壤酶活性。此外，胞外酶对秸秆还田和耕作措施的响应与土壤微生物生物量和群落结构的变化息息相关。有研究认为，不同耕作方式下秸秆还田相比于不还田均会提升土壤微生物生物量，并受到了耕作措施的影响（胡心意等，2018）。冯彪等（2021）的研究表明，深耕较免耕和旋耕显著提高了土壤微生物生物量并改善了微生物群落结构。总的来说，麦玉双季全量还田能够显著改善土壤结构和理化性质，增加土壤有机碳含量，提高养分供给能力，有利于提高土壤质量，确保作物高产稳产。基于此，不同秸秆还田技术以及农田土壤固碳机制研究逐渐成为当前热点。

目前，华北平原普遍采用玉米秸秆旋耕还田、小麦秸秆免耕覆盖的还田方式。然而，玉米秸秆量大且不易腐烂，旋耕还田后往往聚集在耕层，严重影响小麦的播种（李一和王秋兵，2020）。近年来，覆盖还田、浅旋还田和深翻还田在生产上的应用面积呈逐年增长趋势，但受制于影响下茬作物出苗质量，且存在与作物争氮等问题，耕层地力提升与小麦—玉米周年丰产增效协同成为当前迫切需要解决的关键问题。由于长期采取单一旋耕、免耕还田，再加上农业机械的压实作用，华北平原麦玉农田土壤耕层变浅、容重增大、土壤养分表聚等特征已十分突出，限制了作物的高产与稳产（关劲夯等，2019）。针对农田生态系统土壤肥力持续下降和有机碳提升困难的问题，以及作物高产高效的需求，在秸秆还田的基础上，聚焦土壤微生物碳氮协同代谢调控微生物的同化与异化代谢过程，研究如何通过外源物料添加调控土壤微生物代谢过程并促进有机物质形成与积累；如何通过肥沃耕层构建，实现土壤碳库和养分库协同扩增；如何实现耕地有机质、作物产量与环境效益的协同提升具有重要的科学意义。探究不同秸秆还田方式的区域适应性，优化、创新秸秆还田方式成为解决上述问题的关键所在，对于实现秸秆资源高效利用也具有重要意义。

参 考 文 献

冯彪, 青格尔, 高聚林, 等. 2021. 不同耕作方式对土壤酶活性及微生物量和群落组成关系的影响. 北方农业学报, 49(3): 64-73.

关劲夯, 陈素英, 邵立威, 等. 2019. 华北典型区域土壤耕作方式对土壤特性和作物产量的影响. 中国生态农业学报(中英文), 27(11): 1663-1672.

胡心意, 傅庆林, 刘琛, 等. 2018. 秸秆还田和耕作深度对稻田耕层土壤的影响. 浙江农业学报, 30(7): 1202-1210.

李爽, 李文娜, 关皓月, 等. 2023. 耕作方式对豫西旱地麦—豆轮作田土壤理化特性和酶活性的影响. 干旱地区农业研究, 41(6): 168-178.

李新华, 董红云, 朱振林, 等. 2019. 秸秆还田方式对黄淮海区域小麦—玉米轮作制农田土壤周年温室气体排放的影响. 土壤与作物, 8(3): 280-287.

李一, 王秋兵. 2020. 我国秸秆资源养分还田利用潜力及技术分析. 中国土壤与肥料, (1): 119-126.

孙凯, 刘振, 胡恒宇, 等. 2019. 有机培肥与轮耕方式对夏玉米田土壤碳氮和产量的影响. 作物学报, 45(3): 401-410.

Berhane M, Xu M, Liang Z, et al. 2020. Effects of long-term straw return on soil organic carbon storage and sequestration rate in north China upland crops: a meta-analysis. Global Change Biology, 26: 2686-2701.

Bu R Y, Ren T, Lei M J, et al. 2020. Tillage and straw-returning practices effect on soil dissolved organic matter, aggregate fraction and bacteria community under rice-rice-rapeseed rotation system. Agriculture Ecosystems and Environment, 287: 106681.

Buysse P, Roisin C, Aubinet M, et al. 2013. Fifty years of contrasted residue management of an agricultural crop: impacts on the soil carbon budget and on soil heterotrophic respiration. Agriculture Ecosystems and Environment, 167: 52-59.

Canadell J G, Le Quere C, Raupach M R, et al. 2007. Contributions to accelerating atmospheric CO_2 growth from economic activity, carbon intensity, and efficiency of natural sinks. Proceedings of the National Academy of Sciences of the United States of America, 104: 18866-18870.

Garba I I, Lindsay W B, Alwyn W, et al. 2022. Cover crop legacy impacts on soil water and nitrogen dynamics, and on subsequent crop yields in drylands: a meta-analysis. Agronomy for Sustainable Development, 42: 34.

Han X, Xu C, Dungait J A, et al. 2018. Straw incorporation increases crop yield and soil organic carbon sequestration but varies under different natural conditions and farming practices in China: a system analysis. Biogeosciences, 15: 1933-1946.

He J, Shi Y, Yu Z, et al. 2019. Subsoiling improves soil physical and microbial properties, and increases yield of winter wheat in the Huang-Huai-Hai Plain of China. Soil & Tillage Research, 187: 182-193.

Islam M U, Guo Z C, Jiang F H, et al. 2022. Does straw return increase crop yield in the wheat-maize cropping system in China? A meta-analysis. Field Crops Research, 279: 108447.

Jin Z Q, Shah T, Zhang L, et al. 2020. Effect of straw returning on soil organic carbon in rice-wheat rotation system: a review. Food Energy Security, 9: e200.

Kirkby C A, Richardson A E, Wade L J, et al. 2013. Carbon-nutrient stoichiometry to increase soil carbon sequestration. Soil Biology & Biochemistry, 60: 77-86.

Li H, Dai M W, Dai S L, et al. 2018. Current status and environment impact of direct straw return in China's cropland: a review. Ecotoxicology and Environmental Safety, 159: 293-300.

Li S, Hu M J, Shi J L, et al. 2021. Integrated wheat–maïze straw and tillage management strategies influence economic profit and carbon footprint in the Guanzhong Plain of China. Science of the Total Environment, 767: 145347.

Liu C, Lu M, Cui J, et al. 2014. Effects of straw carbon input on carbon dynamics in agricultural soils: a meta-analysis. Global Change Biology, 20: 1366-1381.

Liu J, Fang L, Qiu T, et al. 2023a. Crop residue return achieves environmental mitigation and enhances grain yield: a global meta-analysis. Agronomy for Sustainable Development, 43(6): 78.

Liu J, Qiu T Y, Peñuelas P, et al. 2023b. Crop residue return sustains global soil ecological stoichiometry balance. Global Change Biology, 29(8): 2203-2226.

Liu Z, Gao T P, Liu W T, et al. 2019. Effects of part and whole straw returning on soil carbon sequestration in C_3–C_4 rotation cropland. Journal of Plant Nutrition and Soil Science, 182: 429-440.

Luo Z K, Wang E L, Smith C, et al. 2015. Fresh carbon input differentially impacts soil carbon decomposition across natural and managed systems. Ecology, 96: 2806-2813.

Luo Z K, Wang E L, Sun O J, et al. 2016. A meta-analysis of the temporal dynamics of priming soil carbon decomposition by fresh carbon inputs across ecosystems. Soil Biology & Biochemistry, 101: 96-103.

Luo Z, Wang E, Xing H, et al. 2017. Opportunities for enhancing yield and soil carbon sequestration while reducing N_2O emissions in rainfed cropping systems. Agricultural and Forest Meteorology, 232: 400-410.

Qi G P, Kang Y X, Yin M H, et al. 2019. Yield responses of wheat to crop residue returning in China: a meta-analysis. Crop Science, 59: 2185-2200.

Wang G C, Luo Z K, Wang E L, et al. 2018. Reducing greenhouse gas emissions while maintaining yield in the croplands of Huang-Huai-Hai Plain, China. Agricultural and Forest Meteorology, 260-261: 80-94.

Wang W J, Reeves S H, Salter B, et al. 2016. Effects of urea formulations, application rates and crop residue retention on N_2O emissions from sugarcane fields in Australia. Agricultural and Forest Meteorology, 216: 137-146.

West T O, Johan S. 2007. Considering the influence of sequestration duration and carbon saturation on estimates of soil carbon capacity. Climatic Change, 80: 25-41.

Yin H, Zhao W, Li T, et al. 2018. Balancing straw returning and chemical fertilizers in China: Role of straw nutrient resources. Renewable and Sustainable Energy Reviews, 81: 2695-2702.

Yu K, Qiu L, Wang J J, et al. 2017. Winter wheat straw return monitoring by UAVs observations at different resolutions. International Journal of Remote Sensing, 38: 2260-2272.

Zhao H, Sun B H, Lu F, et al. 2015. Straw incorporation strategy on cereal crop yield in China. Crop Science, 55: 1773-1781.

Zhao X, Liu B Y, Liu S L, et al. 2020. Sustaining crop production in China's cropland by crop residue retention: A meta-analysis. Land Degradation and Development, 31: 694-709.

Zhao X, Zhang H L. 2022. Effects of tillage and straw management on grain yield and SOC storage in a wheat-maize cropping system. European Journal of Agronomy, 137: 126530.

第 2 章　传统秸秆还田下小麦—玉米周年氮高效调控

秸秆作为重要的农业资源，其还田肥料化处理是较为简单、有效的一项农业栽培措施。据统计我国 2015 年秸秆资源总量为 1.04×10^9 t，综合利用率为 80.1%。其中每年作物秸秆中含有氮、磷元素累积量等同于 5.54×10^6 t 氮肥和 1.62×10^6 t 磷肥，秸秆还田部分替代化肥每年可减少 7.09×10^6 t 温室气体、4.36×10^6 t 氮氧化物和 1.99×10^6 t 氨气排放（Zhuang et al.，2020；袁伟等，2021）。同时秸秆还田措施可有效改善土壤结构性状，增加土壤有机质含量，实现农田生态系统可持续发展。

氮素是影响作物产量和品质的关键营养元素（赵艳等，2022）。中国是全球最大的氮肥生产国和消费国，2022 年氮肥产量和农用氮肥施用折纯量分别高达 3.82×10^7 t 和 1.65×10^7 t（国家统计局，2022），单位面积农田每年氮肥施用量约是世界平均施用量的 2.54 倍（FAO，2021）。但我国农业生产氮肥利用率仅为 26%～37%，而世界平均水平约为 39%（Quan et al.，2021；Yu et al.，2022）。小麦—玉米轮作是华北平原典型的种植制度，现实生产中传统的生产观念及种植习惯导致农民不能根据小麦—玉米养分需求规律进行科学施肥（张震等，2017）。小麦、玉米两季氮肥管理上存在很大的随意性，缺乏周年氮肥统筹观念，造成单季作物或周年氮肥施用过量、分配比例不合理等问题，致使氮素过量盈余且利用效率不高（王永华等，2017）。华北平原小麦生产中农民习惯施氮量 270 kg/hm²，玉米氮肥施用量 270 kg/hm²，过量施氮未能提高产量和吸氮量，反而降低氮肥利用率和造成土壤氮盈余（肖强等，2023）。同时，氮肥的大量使用和流失造成了一系列严重的环境问题，比如土壤酸化、水体富营养化和温室气体排放增加等（Zhang et al.，2013；Tong et al.，2017；郑春雨等，2023）。近年来，以提高氮素养分利用效率为目标的绿色增产增效技术已成为粮食作物领域的研究热点和突破口。因此，有必要统筹考虑小麦—玉米周年轮作种植制度下的氮肥管理，进一步研究其合理的作物间氮素分配比例及其调控途径，为作物产量与氮肥利用效率协同提升提供科学依据。

前人从氮肥总用量、周年氮素分配比例、氮肥种类等单季或周年氮肥运筹角度对作物产量、氮肥利用效率、氮盈余等方面作了诸多研究（王永华等，2017；杜思婕等，2021；曲文凯等，2022），有研究认为小麦—玉米轮作体系下，总氮量为 360 kg/hm²，小麦、玉米氮素分配比例为 2∶1 时产量最高，即采用小麦重、玉米轻的氮肥分配方式，作物产量及氮肥利用效率相对较高（周晓楠等，2022）。也有研究认为，小麦—玉米轮作体系下，总氮量为 420 kg/hm^2，小麦、玉米氮素分配比例为 3∶7 时产量最高，即采用小麦轻、玉米重的氮肥分配方式，作物产量相对较高（李晋等，2020）。

光合作用的强弱与植株叶绿素含量紧密相关，SPAD（Soil and Plant Analyzer Development，土壤和作物分析仪）测定值作为衡量叶绿素含量的一种方式，与叶绿素含量呈正相关关系，同时叶绿素含量与植株氮营养有密切关系（Hikosaka，2004；师筝等，2021）。生育后期是小麦、玉米产量形成的关键时期，该阶段植株衰老特性对于小麦、玉米籽粒的建成具有重要的影响（刘志鹏等，2018）。生育后期植株代谢失调，作物通过自身抗氧化酶系统清除生育后期产生的有害物质，其中抗氧化酶包括超氧化物歧化酶（SOD）、过氧化氢酶（CAT）、过氧化物酶（POD）、丙二醛（MDA）等（牛巧龙等，2017）。合理施氮能够提高叶片中抗氧化酶活性，尤其是 SOD 活性（张盼盼等，2022）。硝酸还原酶是小麦、玉米氮代谢的关键酶，其活性大小与籽粒产量有密切联系，适当的增施氮肥有利于提高小麦、玉米硝酸还原酶活性（张士昌等，2016；牛巧龙等，2017）。而小麦—玉米光合同化物最终以干物质的形式呈现，其干物质积累量与产量之间呈显著正相关关系（杨建平等，2021；孟繁昊等，2022；陶荣荣等，2023）。氮素作为植株营养的三要素之一，对作物的生长发育起关键性作用。在一定范围内，随施氮量的增加小麦、玉米干物质积累量增加（雷钧杰等，2017；唐心龙等，2021）。

大多数研究局限于氮肥用量或施肥方式等单因素或多因素对单季或周年作物影响，将周年氮素分配比例与氮肥种类综合考虑的研究相对较少。据此，本研究小麦—玉米轮作种植制度下合理的氮素分配比例及适宜的肥料种类对麦玉周年产量、氮肥利用率、干物质积累量及衰老特性的影响，以期为小麦—玉米周年增产增效提供理论依据。

2.1 研究方案

2.1.1 试验地概况

本章涉及的大田试验于 2017 年 6 月至 2018 年 10 月在山东省农业科学院玉米研究所章丘龙山试验基地（36°43′N，117°32′E）和小麦玉米国家工程实验室进行。试验基地位于华北平原小麦、玉米一年两熟种植区，该区域年均降水量为693.4 mm，年均气温为 13.6℃，年均日照时数 2558.3 h，无霜期 209 d，土壤为棕壤。试验地小麦玉米周年秸秆全量还田，0～40 cm 土壤 pH 7.9，有机质含量15 g/kg，碱解氮 58.8 mg/kg，有效磷 39 mg/kg，有效钾 120 mg/kg。

2.1.2　试验设计

供试材料玉米品种为郑单 958，小麦品种为济麦 22。大田采用裂区设计（表 2-1），设置空白区（CK）。主处理为小麦季与玉米季氮素分配比例：小麦季与玉米季氮素分配比例（wheat/maize，W/M）为 4∶6，小麦季与玉米季氮素分配比例为 5∶5（W/M 5∶5），小麦季与玉米季氮素分配比例为 6∶4（W/M 6∶4）。副处理为玉米季肥料类型：树脂包膜尿素（PCU，N-P_2O_5-K_2O=28-8-8）、脲酶抑制剂型肥料（NBPT，N-P_2O_5-K_2O=26-11-11）、脲甲醛型肥料（UF，N-P_2O_5-K_2O=26-6-8）。小区面积 30 m^2（5 m×6 m），试验重复 3 次。周年氮肥总用量为 480 kg/hm^2，小麦季氮肥统一施用尿素，玉米氮肥均作种肥施入，小麦季依照基追比例 2∶3 分别作基肥、返青追肥施入；小麦、玉米季均基施 P_2O_5 120 kg/hm^2（过磷酸钙）、K_2O 120 kg/hm^2（硫酸钾）。玉米种植密度为 60 000 株/hm^2，小麦播种量为 165 kg/hm^2。

表 2-1　小麦—玉米周年施肥方案

处理	氮素分配比例		肥料种类	
	小麦（kg/hm^2）	玉米（kg/hm^2）	小麦季	玉米季
CK	0	0		
W/M 4∶6	192	288	尿素	树脂包膜尿素（PCU）
	192	288	尿素	脲酶抑制剂型肥料（NBPT）
	192	288	尿素	脲甲醛型肥料（UF）
W/M 5∶5	240	240	尿素	树脂包膜尿素（PCU）
	240	240	尿素	脲酶抑制剂型肥料（NBPT）
	240	240	尿素	脲甲醛型肥料（UF）
W/M 6∶4	288	192	尿素	树脂包膜尿素（PCU）
	288	192	尿素	脲酶抑制剂型肥料（NBPT）
	288	192	尿素	脲甲醛型肥料（UF）

2.1.3　试验方法

采用 Microsoft Excel 2016 处理数据，采用 SPSS 23.0 软件进行数据分析，并用 Duncan's 法进行多重比较（$P<0.05$）。

相关氮肥利用效率指标的计算如下。

植株氮素积累量（nitrogen accumulation in plants，kg/hm^2）=干物质积累量（kg/hm^2）×植株氮浓度（g/kg）/1000；

氮肥利用率（nitrogen fertilizer use efficiency，NUE，%）=（施氮区氮素积累量−空白区氮素积累量）/施氮量×100%；

氮肥偏生产力（partial factor productivity of applied N，PFP，kg/kg）=籽粒产

量/施氮量;

氮肥农学效率(nitrogen agronomic efficiency,NAE,kg/kg)=(施氮区籽粒产量−空白区籽粒产量)/施氮量;

氮素转运量(nitrogen transport amount,kg/hm²)=开花期营养器官氮素积累量−成熟期营养器官氮素积累量;

氮素转运率(nitrogen transport rate,%)=氮素转运量/开花期营养器官氮素积累量×100%;

氮素转运对籽粒贡献率(contribution rate of nitrogen transport to grain,%)=氮素转运量/成熟期籽粒氮素积累量×100%;

氮素同化量(nitrogen assimilation,kg/hm²)=成熟期籽粒含氮量−营养器官氮素转运量;

氮素同化量对籽粒贡献率(contribution rate of nitrogen assimilation to grain,%)=花后氮素同化量/成熟期籽粒氮素积累量×100%;

土壤无机氮积累量(accumulation of inorganic nitrogen in soil,kg/hm²)=土层厚度(cm)×土壤容重(g/cm³)×土壤无机氮含量(mg/kg)/10;

土壤氮素净矿化量(soil nitrogen net mineralization,kg/hm²)=空白区植株氮素积累量+空白区土壤残留无机氮量−空白区起始无机氮量;

氮素表观损失(apparent loss of nitrogen,kg/hm²)=氮素总投入−植株吸氮量−土壤残留无机氮;

氮盈余(nitrogen surplus,kg/hm²)=氮素表观损失+土壤残留无机氮。

2.2 传统秸秆还田下小麦—玉米周年氮肥统筹提高籽粒产量

2.2.1 氮肥统筹对小麦—玉米周年产量的影响

由表 2-2 可以看出,麦玉周年氮素分配比例为 5∶5 时,周年产量最高,较 W/M 6∶4 处理显著提高 3.8%。小麦季,麦玉周年氮素分配比例为 6∶4 时产量最高,较 W/M 4∶6 处理显著提高 7.3%。玉米季,麦玉周年氮素分配比例为 5∶5 时产量最高,较 W/M 6∶4 处理显著提高 8.6%。树脂包膜尿素对玉米及周年产量影响均高于其他两种肥料,但各处理间无显著性差异。表明麦玉周年产量之间差异主要由周年氮素分配比例所引起。

2.2.2 氮肥统筹对小麦、玉米产量构成因素的影响

由表 2-3 可知,小麦每公顷穗数和穗粒数均以 W/M 6∶4 处理最多,较 W/M

表 2-2　氮肥统筹对作物产量的影响　　　　　　（单位：kg/hm²）

处理		麦玉周年产量	小麦产量	玉米产量
周年氮素分配比例（A）	W/M 4∶6	15 862ab	5 182b	10 680a
	W/M 5∶5	16 073a	5 292ab	10 781a
	W/M 6∶4	15 491b	5 561a	9 930b
施肥种类（B）	PCU	15 974a		10 629a
	NBPT	15 829a		10 484a
	UF	15 622a		10 277a
交互作用	A	*	**	**
	B	ns		ns
	A×B	ns		ns

注：同列数据后不含有相同小写字母的表示处理间差异显著（$P<0.05$）。ns 表示无显著互作效应；*表示在 0.05 水平上具有显著互作效应；**表示在 0.01 水平上具有显著互作效应。下同

表 2-3　氮肥统筹对小麦、玉米产量构成因素的影响

处理		小麦			玉米		
		每公顷穗数（×10⁴）	穗粒数	千粒重（g）	每公顷穗数（×10⁴）	穗粒数	千粒重（g）
氮素分配比例（A）	W/M 4∶6	587.2a	26.6a	36.8a	6.30a	511.0a	308.4a
	W/M 5∶5	585.6a	26.6a	35.7a	6.37a	506.1ab	302.0a
	W/M 6∶4	588.3a	28.0a	35.8a	6.22a	485.3b	299.8a
施肥种类（B）	PCU				6.39a	495.8a	302.6a
	NBPT				6.30a	509.6a	299.9a
	UF				6.20a	498.6a	307.8a
交互作用	A	ns	ns	ns	ns	*	ns
	B				ns	ns	ns
	A×B				ns	ns	ns

4∶6 和 W/M 5∶5 处理，穗数分别提高 0.2% 和 0.5%，穗粒数分别提高 5.3% 和 5.3%，各处理间无显著性差异。玉米每公顷穗数以 W/M 5∶5 最多，较 W/M 4∶6 和 W/M 6∶4 处理分别提高 1.1% 和 2.4%；穗粒数、千粒重均随施氮量的增加而增加，以 W/M 4∶6 最多，较 W/M 5∶5 和 W/M 6∶4 处理，穗粒数分别提高 1.0% 和 5.3%，千粒重分别提高 2.1% 和 2.9%，且穗数、千粒重差异不显著，穗粒数差异显著。肥料种类对玉米产量构成因素影响均无显著性差异。

2.3 传统秸秆还田下小麦—玉米周年氮肥统筹提高干物质积累量及延缓植株衰老

2.3.1 氮肥统筹对小麦—玉米周年干物质积累量的影响

由表 2-4 可知，周年氮素分配比例为 5∶5（W/M 5∶5）时，小麦—玉米周年干物质积累量最高，较 W/M 4∶6 和 W/M 6∶4 处理分别提高 4.5%和 8.5%，且 W/M 5∶5 与 W/M 6∶4 处理差异显著。小麦季，不同处理间小麦干物质积累量均无显著性差异。玉米季，W/M 4∶6 和 W/M 5∶5 处理下干物质积累量分别比 W/M 6∶4 显著提高 13.1%和 11.4%。不同肥料种类下，玉米干物质积累量及周年干物质积累量均以脲酶抑制剂型肥料最高，但各处理间无显著性差异。

表 2-4　氮肥统筹对小麦—玉米周年干物质积累量的影响　（单位：kg/hm²）

处理		周年 干物质积累量	小麦 干物质积累量	玉米 干物质积累量
氮素分配比例（A）	W/M 4∶6	30 351ab	10 136a	20 216a
	W/M 5∶5	31 728a	11 813a	19 915a
	W/M 6∶4	29 239b	11 365a	17 874b
施肥种类（B）	PCU	30 265a		19 160a
	NBPT	31 166a		20 061a
	UF	29 888a		18 783a
交互作用	A	*		*
	B	ns		ns
	A×B	ns		ns

2.3.2 氮肥统筹对玉米叶面积指数的影响

由图 2-1 可知，随生育进程的推进，不同氮素分配比例及肥料种类处理下玉米叶面积指数（LAI）均呈现出先上升后下降的趋势。根据叶面积指数变化的幅度，将其分为以下 3 个阶段：①快速增长阶段，即播种后 37 d（大口期）到播种后 52 d（吐丝期）叶面积指数增长最快；②缓慢变化阶段，即吐丝期到播种后 82 d 叶面积指数基本保持稳定；③急剧衰减阶段，即播种后 82～97 d 阶段，伴随叶片枯黄绿叶面积急剧减小。

氮素分配比例对玉米叶面积指数总体趋势影响表现为 W/M 4∶6>W/M 5∶5>W/M 6∶4>CK，即随施氮量增加叶面积指数增大。生育后期 W/M 5∶5 处理下叶面积指数衰减速度相对缓慢。肥料种类对叶面积指数影响均无明显差异。由以上结果可知，在一定范围内增施适量氮肥可延缓叶片衰老。

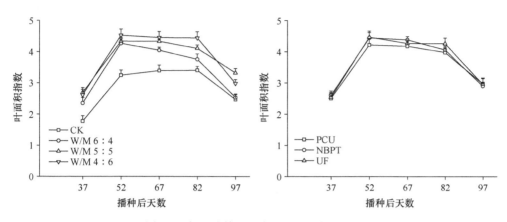

图 2-1　氮肥统筹对玉米叶面积指数的影响

2.3.3　氮肥统筹对小麦旗叶、玉米穗位叶 SPAD 值的影响

由图 2-2 可看出，随生育进程的推进，不同处理小麦旗叶 SPAD 值均呈下降趋势，开花期和灌浆中期施氮处理均高于不施氮处理，且各施氮处理间无显著差异；灌浆后期，W/M 6∶4 处理较 CK 和 W/M 4∶6 处理分别显著提高 41.2%和 46.3%，W/M 5∶5 处理较 CK 和 W/M 4∶6 处理分别显著提高 35.1%和 40.0%。表明 W/M 6∶4 和 W/M 5∶5 处理均可延缓小麦旗叶衰老。

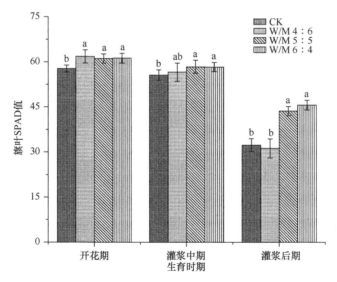

图 2-2　氮肥统筹对小麦旗叶 SPAD 值的影响

柱形上方不含有相同小写字母的表示同一生育时期不同处理之间差异达 5%显著水平，下同

由图 2-3 可知，不同氮素分配比例及氮肥种类下，随生育进程的推进，玉米穗位叶 SPAD 值均呈现出先上升后下降的趋势。在播种后 67～82 d，不施氮处理玉米穗位叶 SPAD 值呈现急剧下降的趋势；在播种后 82 d，W/M 4∶6 处理较 W/M 6∶4 和 CK 处理分别显著提高 2.9% 和 9.2%（$P<0.05$）。氮肥种类对 SPAD 值影响均无显著性差异。

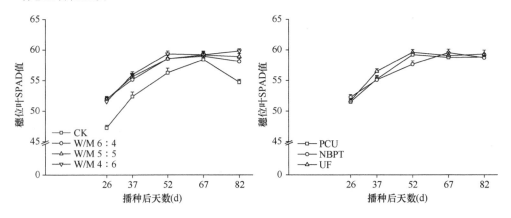

图 2-3　氮素分配比例及氮肥种类对玉米穗位叶 SPAD 值的影响

2.3.4　氮肥统筹对小麦旗叶、玉米穗位叶 SOD 活性的影响

由图 2-4 可见，随生育进程推进，不同氮素分配比例及肥料种类下，小麦旗叶 SOD 活性均呈现出先上升后下降的趋势，各个施氮处理之间差异逐渐缩小。不

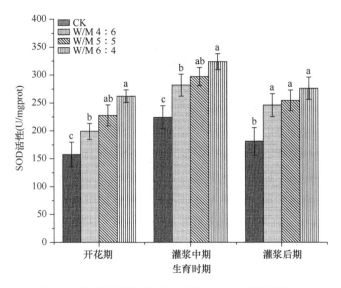

图 2-4　氮素分配比例对小麦旗叶 SOD 活性的影响

同处理下，小麦各生育时期旗叶 SOD 活性均表现为 W/M 6：4>W/M 5：5>W/M 4：6>CK。在开花期，W/M 6：4 处理较 W/M 4：6 和 CK 处理分别显著提高 31.8% 和 66.6%；在灌浆中期，W/M 6：4 处理较 W/M 4：6 和 CK 处理分别显著提高 15.0% 和 44.4%；灌浆后期，当氮素分配比例为 6：4 时 SOD 活性最高，较 CK 显著提高 52.6%，各施肥处理间差异不显著。

不同氮素分配比例及肥料种类下，随生育进程推进，玉米穗位叶 SOD 活性均呈单峰曲线变化趋势（图 2-5）。在吐丝期，W/M 4：6 处理较 W/M 6：4 和 CK 处理均显著提高 10.9%（$P<0.05$）；吐丝后 15 d，不同氮素分配比例处理之间均无显著性差异；在吐丝后 30 d，W/M 5：5 处理较 W/M 6：4 和 CK 处理分别显著提高 7.8% 和 7.1%（$P<0.05$）；在吐丝后 45 d，以周年氮素分配比例为 4：6 和 5：5 处理时 SOD 活性较高，W/M 4：6 处理较 W/M 6：4 和 CK 处理分别显著提高 48.2% 和 66.9%（$P<0.05$），W/M 5：5 处理较 W/M 6：4 和 CK 处理分别显著提高 47.9% 和 66.4%（$P<0.05$）。肥料种类对玉米穗位叶 SOD 活性影响均无显著性差异。

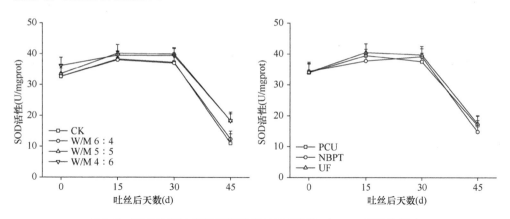

图 2-5　氮素分配比例及氮肥种类对玉米穗位叶 SOD 活性的影响

2.3.5　氮肥统筹对小麦旗叶、玉米穗位叶硝酸还原酶活性的影响

由图 2-6 可知，随生育进程推进，不同氮素分配比例下，小麦旗叶硝酸还原酶活性均呈现出先上升后下降的趋势。在开花期，W/M 5：5 处理较 CK 显著提高 35.8%，在灌浆中期，W/M 5：5 处理较 W/M 4：6 和 CK 分别显著提高 7.6% 和 10.6%；在灌浆后期，周年氮素分配比例为 6：4 时硝酸还原酶活性最高，较 W/M 5：5、W/M 4：6 和 CK 分别显著提高 6.0%、7.0% 和 13.0%。

由图 2-7 可知，随生育进程推进，不同氮素分配比例及肥料种类下，玉米穗位叶硝酸还原酶活性均呈现出先上升后下降的趋势。其中在吐丝后 15 d，W/M 4：6、

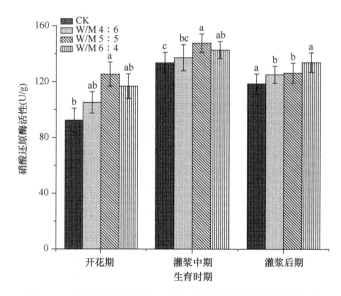

图 2-6　氮素分配比例对小麦旗叶硝酸还原酶活性的影响

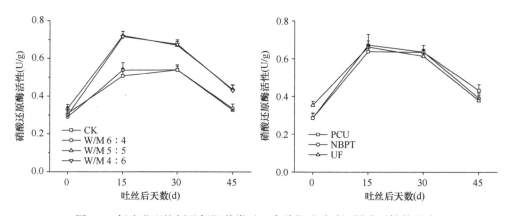

图 2-7　氮素分配比例及氮肥种类对玉米穗位叶硝酸还原酶活性的影响

W/M 5∶5 处理的硝酸还原酶活性较大，W/M 4∶6 较 W/M 6∶4 和 CK 处理分别提高 33.2%和 41.2%（$P<0.05$），W/M 5∶5 处理较 W/M 6∶4 和 CK 处理分别提高 34.1%和 42.2%（$P<0.05$）；在吐丝后 30～45 d，W/M 4∶6、W/M 5∶5 处理的硝酸还原酶活性差异很小但均显著高于 W/M 6∶4 和 CK 处理（$P<0.05$），W/M 6∶4 与 CK 处理差异也不显著。氮肥种类对玉米穗位叶硝酸还原酶活性影响均无显著差异。以上结果表明，W/M 4∶6 和 W/M 5∶5 处理有利于硝酸还原酶活性的提高。

2.4　传统秸秆还田下小麦—玉米周年氮肥统筹优化作物氮素积累分配

2.4.1　氮肥统筹对小麦—玉米周年氮素积累量的影响

由表 2-5 可知，小麦—玉米周年氮素分配比例为 5∶5（W/M 5∶5）时，周年氮素积累量最高，较 4∶6 和 6∶4 处理分别显著提高 8.0% 和 8.6%。小麦季，氮素积累量均随施氮量增加而增加，以 W/M 6∶4 处理最高，较 W/M 4∶6 处理显著提高 25.2%；玉米季，氮素积累量均随施氮量的增加而增加，以 W/M 4∶6 处理最高，较 W/M 6∶4 处理显著提高 21.8%。表明无论小麦季还是玉米季施氮均能够增加植株氮素积累量，且周年氮素积累量之间差异主要由氮素分配比例所引起；当氮素分配比例为 5∶5 时，周年氮素积累最高。脲酶抑制剂型肥料对玉米氮素积累量及周年氮素积累量影响均高于其他两种肥料，但各处理间均无显著性差异。

表 2-5　氮肥统筹对小麦—玉米周年氮素积累量的影响　（单位：kg/hm^2）

处理		小麦—玉米周年氮素积累量	小麦氮素积累量	玉米氮素积累量
氮素分配比例（A）	W/M 4∶6	408.3b	164.4b	243.9a
	W/M 5∶5	440.9a	201.1a	239.8a
	W/M 6∶4	406.0b	205.8a	200.2b
施肥种类（B）	PCU	417.5a		227.1a
	NBPT	419.1a		228.7a
	UF	418.5a		228.0a
交互作用	A	***		***
	B	ns		ns
	A×B	ns		*

注：***表示在 0.001 水平上具有极显著互作效应，下同

2.4.2　小麦各器官氮素分配及转运

表 2-6 结果显示，小麦—玉米周年氮素分配比例为 6∶4 时籽粒氮素积累量最多，较 W/M 4∶6 处理显著提高 25.5%；各处理对秸秆氮素积累量影响均无显著性差异；当氮素分配比例为 6∶4 时，籽粒氮素分配比例最高，较 W/M 4∶6 和 W/M 5∶5 处理分别提高 0.3% 和 1.6%。表明 W/M 6∶4 处理能够提高小麦籽粒氮素积累量及籽粒氮素分配比例。

表 2-6 氮肥统筹对小麦各器官氮素分配的影响

处理	氮素积累量（kg/hm²）		氮素分配比例（%）	
	秸秆	籽粒	秸秆	籽粒
W/M 4∶6	47.8a	116.6b	29.1	70.9
W/M 5∶5	60.4a	140.7a	30.0	70.0
W/M 6∶4	59.5a	146.3a	28.9	71.1

由表 2-7 可知，氮素分配比例对小麦开花期和成熟期营养器官氮素积累量的影响均以 W/M 5∶5 处理最高，较 W/M 4∶6 和 W/M 6∶4 处理开花期营养器官氮素积累量分别显著提高 15.0% 和 2.7%，各处理对成熟期营养器官氮素积累量影响均无显著性差异；周年氮素分配比例对营养器官转运量的影响以 W/M 5∶5 处理最高，但各处理间均无显著性差异；周年氮素分配比例对营养器官氮素转运率、对籽粒贡献率影响均以 W/M 4∶6 处理最高，但各处理间均无显著性差异；开花后氮素同化量以 W/M 6∶4 处理最高，较 W/M 4∶6 和 W/M 5∶5 处理分别提高 98.0% 和 21.6%；开花后氮素同化量对籽粒贡献率以 W/M 6∶4 处理最高，较 W/M 4∶6 和 W/M 5∶5 处理分别提高 58.9% 和 16.0%。以上结果表明，W/M 6∶4 处理有利于小麦开花后氮素同化量及其对籽粒贡献率的提高。

表 2-7 氮肥统筹对小麦氮素转运的影响

处理	营养器官氮素积累量（kg/hm²）		营养器官			开花后	
	开花期	成熟期	转运量（kg/hm²）	转运率（%）	转运对籽粒的贡献率（%）	氮素同化量（kg/hm²）	氮素同化量对籽粒贡献率（%）
W/M 4∶6	139.1c	47.8a	91.3a	65.6a	78.6a	25.3b	21.4b
W/M 5∶5	159.9a	60.4a	99.5a	62.2a	70.7a	41.2ab	29.3a
W/M 6∶4	155.7b	59.5a	96.3a	61.8a	66.0a	50.1a	34.0a

2.4.3 玉米各器官氮素分配及转运

由表 2-8 可知，小麦—玉米周年氮素分配比例为 5∶5 时，玉米茎中氮素积累量最多，较 W/M 4∶6 和 W/M 6∶4 处理分别显著提高 10.0% 和 33.1%；氮素分配比例对叶中氮素积累量的影响以 W/M 4∶6 和 W/M 5∶5 处理较优，较 W/M 6∶4 处理显著提高 19.8%；籽粒氮素积累量随施氮量的增加而增加，以 W/M 4∶6 处理最高，较 W/M 5∶5 和 W/M 6∶4 处理分别显著提高 4.4% 和 23.1%；肥料种类对籽粒氮素积累量影响以脲甲醛型肥料相对较高。籽粒氮素分配比例随施氮量的增加而增加。结果表明，W/M 4∶6 处理能够增加籽粒氮素积累量，且 W/M 4∶6

处理能够提高氮素在籽粒中的分配比例；3 种不同类型肥料相比，脲甲醛型肥料对玉米籽粒中氮素积累量及分配比例的影响要优于其他两种肥料类型。

表 2-8　氮肥统筹对玉米各器官氮素分配的影响

处理		氮素积累量（kg/hm²）				氮素分配比例（%）			
		茎	叶	穗	籽粒	茎	叶	穗	籽粒
氮素分配比例（A）	W/M 4∶6	36.9b	45.4a	10.9a	150.7a	15.1	18.6	4.5	61.8
	W/M 5∶5	40.6a	45.4a	9.4a	144.4b	16.6	18.6	3.9	59.2
	W/M 6∶4	30.5c	37.9b	9.3a	122.4c	12.5	15.5	3.8	50.2
施肥种类（B）	PCU	38.9a	42.8a	10.4a	134.9b	17.1	18.9	4.6	59.4
	NBPT	35.9b	42.8a	9.8a	140.3ab	15.8	18.9	4.3	61.8
	UF	33.2c	43.1a	9.5a	142.3a	14.6	19.0	4.2	62.7
交互作用	A	***	***	ns	***				
	B	***	ns	ns	*				
	A×B	**	ns	*	*				

由表 2-9 可知，玉米吐丝期营养器官氮素积累量随施氮量的增加而增加，W/M4∶6 较 W/M5∶5 和 W/M6∶4 分别显著提高 4.1% 和 9.7%；氮素分配比例对

表 2-9　氮肥统筹对玉米氮素转运的影响

处理		营养器官氮素积累量（kg/hm²）		营养器官			吐丝后	
		吐丝期	成熟期	转运量（kg/hm²）	转运率（%）	转运对籽粒贡献率（%）	氮素同化量（kg/hm²）	同化量对籽粒贡献率（%）
氮素分配比例（A）	W/M 4∶6	161.6a	93.2a	68.3a	41.8b	45.4a	82.3a	54.6a
	W/M 5∶5	155.2b	95.4a	59.8b	38.5c	41.5a	84.6a	58.5a
	W/M 6∶4	147.3c	77.8b	69.5a	47.2a	57.0a	52.9b	43.0b
施肥种类（B）	PCU	150.5b	92.1a	58.3b	38.6b	44.4b	76.6a	55.6a
	NBPT	159.9a	88.5b	71.5a	44.6a	51.0a	68.8b	49.0b
	UF	153.6b	85.8b	67.9a	44.2a	48.4ab	74.4ab	51.6ab
交互作用	A	***	***	**	***	***	***	***
	B	**	**	***	***	*	ns	*
	A×B	***	ns	***	***	***	***	***

成熟期营养器官氮素积累量影响以 W/M 5∶5 处理最高，较 W/M 6∶4 处理显著提高 22.6%；氮素分配比例对吐丝期转运量、转运率、转运对籽粒贡献率均表现为 W/M 6∶4>W/M 4∶6>W/M 5∶5；吐丝后氮素同化量及同化量对籽粒贡献率均以 W/M 5∶5 处理最高，较 W/M 6∶4 处理氮素同化量及同化量对籽粒贡献率分别显著提高 59.9% 和 36.0%。脲酶抑制剂型肥料有利于吐丝前营养器官氮素积累，树脂包膜尿素有利于吐丝后营养器官氮素积累；脲酶抑制剂型肥料有利于吐丝期营养器官向籽粒转运量、转运率及转运对籽粒贡献率的提高；而树脂包膜尿素有利于吐丝后氮素同化量及同化量对籽粒贡献率的提高。以上结果表明，W/M 6∶4 处理有利于营养器官氮素转运量、转运率及转运对籽粒贡献率的提高，而 W/M 5∶5 处理有利于吐丝后氮素同化量及同化量对籽粒贡献率的提高。

2.5 传统秸秆还田下小麦—玉米周年氮肥统筹 提高氮肥利用效率及耕层土壤氮素表观盈亏量

2.5.1 氮肥统筹对小麦—玉米周年氮肥利用效率的影响

由表 2-10 可知，小麦—玉米周年氮素分配比例为 5∶5（W/M 5∶5）时，周年氮肥表观利用率、氮肥农学效率及氮肥偏生产力均最高，较 W/M 4∶6 和 W/M 6∶4 处理，小麦—玉米周年氮肥表观利用率分别提高 31.6% 和 34.8%，氮肥农学

表 2-10　氮肥统筹对小麦—玉米周年氮肥利用效率的影响

处理		周年			小麦			玉米		
		NUE (%)	NAE (kg/kg)	PFP (kg/kg)	NUE (%)	NAE (kg/kg)	PFP (kg/kg)	NUE (%)	NAE (kg/kg)	PFP (kg/kg)
氮素分配比例（A）	W/M 4∶6	21.5b	5.7ab	33.0ab	20.4a	5.2a	27.0a	22.3b	6.1ab	37.1c
	W/M 5∶5	28.3a	6.2a	33.5a	31.6a	4.6a	22.0b	25.0a	7.7a	44.9b
	W/M 6∶4	21.0b	4.9b	32.3b	28.0a	4.8a	19.3c	10.7c	5.2b	51.7a
施肥种类（B）	PCU	23.4a	6.0a	33.3a				18.9a	6.9a	45.2a
	NBPT	23.8a	5.7a	33.0a				19.9a	6.5a	44.7a
	UF	23.7a	5.2a	32.5a				19.2a	5.6a	43.8a
交互作用	A	***	*	*				***	*	***
	B	ns	ns	ns				ns	ns	ns
	A×B	ns	ns	ns				*	ns	ns

效率分别提高 8.8% 和 26.5%，氮肥偏生产力分别提高 1.5% 和 3.7%。氮肥农学效率、氮肥偏生产力均以树脂包膜尿素最高，氮肥表观利用率以脲酶抑制剂型肥料最高，但各处理间均无显著性差异。

小麦季，氮素分配比例对氮肥表观利用率影响以 W/M 5∶5 处理最高，但各处理间均无显著性差异；氮肥偏生产力随施氮量的增加而下降，以 W/M 4∶6 处理最高，较 W/M 5∶5 和 W/M 6∶4 处理分别提高 22.7% 和 39.9%，且各处理间均具有显著性差异。玉米季，氮肥表观利用率和氮肥农学效率以 W/M 5∶5 处理最高，较 W/M 6∶4 处理，氮肥表观利用率显著提高 133.6%，氮肥农学效率显著提高 48.1%；氮肥偏生产力随施氮量的增加而下降，W/M 6∶4 较 W/M 4∶6 和 W/M 5∶5 处理分别显著提高 39.4% 和 15.1%；不同施肥种类下，玉米季氮肥偏生产力、氮肥农学效率均以树脂包膜尿素较高，但各处理间均无显著性差异；氮肥表观利用率以脲酶抑制剂型肥料最高，但各处理间均无显著性差异。以上结果表明，周年氮肥利用效率之间差异主要由氮素分配比例所引起，且周年氮素分配比例为 5∶5 时，周年氮肥表观利用率、氮肥偏生产力、氮肥农学效率均最高。

2.5.2　小麦—玉米周年耕层土壤氮素表观盈亏量

由表 2-11 可知，将小麦—玉米作为整体，土层 0～100 cm 作为作物吸收养分的主要区域，研究其氮素平衡，在土壤氮素输入部分，肥料氮占总氮素输入的 61.2%，是氮素输入最重要的环节。在土壤氮素输出部分，当氮素分配比例为 4∶6 时无机氮残留量最低，较 W/M 5∶5 和 W/M 6∶4 分别降低 4.8% 和 13.0%；小麦—玉米周年氮素分配比例为 5∶5 时表观损失量最低，较 W/M 4∶6 和 W/M 6∶4 处理分别降低 26.5% 和 10.4%；氮素分配比例为 5∶5 时氮盈余最少，较 W/M 4∶6 和 W/M 6∶4 处理分别显著降低 8.7% 和 9.2%。

表 2-11　氮肥统筹对小麦—玉米周年氮平衡的影响　（单位：kg/hm²）

氮素平衡		氮素分配比例			
		CK	W/M 4∶6	W/M 5∶5	W/M 6∶4
土壤氮素输入	肥料氮	0	480.0	480.0	480.0
	起始无机氮	185.8	185.8	185.8	185.8
	矿化氮	118.9	118.9	118.9	118.9
	总输入	304.7	784.7	784.7	784.7
土壤氮素输出	作物吸收氮	269.9c	408.3b	440.9a	406.0b
	残留无机氮	34.8c	212.9b	223.6ab	244.6a
	表观损失	0.0c	163.5a	120.2b	134.1b
	氮盈余	34.7c	376.4a	343.8b	378.7a

2.6 传统秸秆还田下小麦—玉米周年氮肥统筹提高经济效益

由表 2-12 可知，小麦—玉米周年氮素分配比例为 5∶5（W/M 5∶5）时，周年作物净收益最高，但各处理间均无显著性差异。肥料种类对周年经济效益影响以脲酶抑制剂型肥料（NBPT）最高，较脲甲醛型肥料（UF）显著提高 6.6%。

表 2-12 氮肥统筹对小麦—玉米周年经济效益的影响

处理		周年产量（kg/hm²）	总产值（元/hm²）	净收益（元/hm²）
氮素分配比例（A）	W/M 4∶6	15 862ab	30 942ab	17 096a
	W/M 5∶5	16 073a	31 370a	17 801a
	W/M 6∶4	15 491b	30 418b	17 125a
施肥种类（B）	PCU	15 974a	31 211a	17 603a
	NBPT	15 829a	30 947a	17 762a
	UF	15 622a	30 571a	16 657b
交互作用	A	*	*	NS
	B	ns	ns	*
	A×B	ns	ns	ns

注：树脂包膜尿素（PCU）3.75 元/kg，脲酶抑制剂型肥料（NBPT）3.5 元/kg，脲甲醛型肥料（UF）3.75 元/kg，过磷酸钙 1.11 元/kg，硫酸钾 3.2 元/kg，小麦价格为 2.22 元/kg，玉米价格为 1.82 元/kg

本章根据传统秸秆还田下中产地块小麦—玉米周年产量为 15 000 kg/hm² 时植株所需氮量（480 kg/hm²）进行周年总体控制，通过调控小麦—玉米周年氮素分配比例及施肥种类，来探析提高小麦—玉米周年产量及氮肥利用效率的有效途径。主要研究结果如下。

（1）不同小麦—玉米周年氮素分配比例对周年作物产量、周年氮肥利用效率及周年净收益均具有一定的影响。小麦—玉米周年氮素分配比例为 5∶5（W/M 5∶5）时，周年作物产量（16 073 kg/hm²）、周年氮肥利用效率（28.3%）及周年净收益（17 801 元/hm²）最高，较 W/M 4∶6 和 W/M 6∶4 处理，周年作物产量分别提高 1.3% 和 3.8%，周年氮肥表观利用率分别提高 31.6% 和 34.8%，周年氮肥农学效率分别提高 8.8% 和 26.5%，周年氮肥偏生产力分别提高 1.5% 和 3.7%。

（2）不同小麦—玉米周年氮素分配比例对周年作物干物质积累量有一定的影响。小麦—玉米周年氮素分配比例为 5∶5（W/M 5∶5）时，周年干物质积累量最高，较 W/M 4∶6 和 W/M 6∶4 处理分别提高 4.5% 和 8.5%。从单季作物来看，小麦和玉米均在施氮量为 288 kg/hm² 时干物质积累量、SOD 活性、SPAD 值及叶面积指数较高。

（3）不同小麦—玉米周年氮素分配比例对周年耕层土壤氮素平衡有一定的影响。土壤氮素输出部分，当氮素分配比例为 4∶6 时无机氮残留量最低，较 W/M 5∶5 和 W/M 6∶4 分别降低 4.8% 和 13.0%；小麦—玉米周年氮素分配比例为 5∶5 时表观损失量最低，较 W/M 4∶6 和 W/M 6∶4 处理分别降低 26.5% 和 10.4%；氮素分配比例为 5∶5 时氮盈余最少，较 4∶6 和 6∶4 分别显著降低 8.7% 和 9.2%。

（4）肥料种类对小麦—玉米周年作物产量、周年作物干物质积累量及周年氮肥利用效率均无显著影响，但周年净收益以脲酶抑制剂型肥料处理最高。

以上四个方面研究结果表明，传统秸秆还田下小麦—玉米周年氮素分配比例为 5∶5 时的周年作物产量、周年作物氮肥利用效率及周年净收益最高，且耕层土壤氮盈余相对较低。虽然玉米季氮肥种类对周年作物产量、氮肥利用效率影响不显著，但发现施用脲酶抑制剂型肥料可以获得较高净收益。因此，统筹考虑周年作物产量、周年氮肥利用效率、土壤氮素平衡及净收益，初步确定传统秸秆还田下中产地块小麦—玉米周年氮素分配比例为 5∶5 且玉米季施用脲酶抑制剂型肥料为较好的施肥模式。

参 考 文 献

杜思婕, 张艺磊, 张志勇, 等. 2021. 小麦—玉米轮作体系不同新型尿素的氮素利用率及去向. 植物营养与肥料学报, 27(1): 24-34.

国家统计局. 2022. 年度数据. https: //data.stats.gov.cn/easyquery.htm?cn=C01[2024-02-21].

雷钧杰, 张永强, 赛力汗·赛, 等. 2017. 施氮量对滴灌小麦干物质积累、分配与转运的影响. 麦类作物学报, 37(8): 1078-1086.

李晋, 刘小丽, 李文广, 等. 2020. 周年肥料运筹对小麦—玉米轮作体系周年产量的影响. 华北农学报, 35(S1): 241-249.

刘志鹏, 陈曦, 杨梦雅, 等. 2018. 氮量及减灌对小麦旗叶生理参数和细胞保护酶活性的影响. 麦类作物学报, 38(2): 175-182.

孟繁昊, 杨恒山, 张瑞富, 等. 2022. 灌溉方式对西辽河平原玉米产量和水氮利用效率的影响. 浙江农业学报, 34(9): 1826-1836.

牛巧龙, 曹高燚, 杜锦, 等. 2017. 施氮量对玉米产量及叶片部分酶活性的影响. 华北农学报, 32(1): 187-192.

曲文凯, 徐学欣, 郝天佳, 等. 2022. 施氮量对滴灌小麦—玉米周年产量及氮素利用效率的影响. 植物营养与肥料学报, 28(7): 1271-1282.

师筝, 高斯曼, 李彤, 等. 2021. 施氮量对不同叶绿素含量小麦生长、产量和品质的影响. 麦类作物学报, 41(9): 1134-1142.

唐心龙, 刘莹, 秦喜彤, 等. 2021. 玉米光能利用率和产量对密度、施氮量及其互作的响应. 植物营养与肥料学报, 27(10): 1864-1873.

陶荣荣, 陆钰, 于琪, 等. 2023. 盐逆境对不同耐盐性小麦花后生理特性及产量的影响. 中国生态农业学报, 31(3): 428-437.

王永华, 黄源, 辛明华, 等. 2017. 周年氮磷钾配施模式对砂姜黑土麦玉轮作体系籽粒产量和养分利用效率的影响. 中国农业科学, (6): 1031-1046.

肖强, 刘东生, 刘建斌, 等. 2023. 减氮条件下配施控释尿素对小麦—玉米氮素利用及产量的影响. 华北农学报, 38(2): 160-169.

杨建平, 吕钊彦, 刁明, 等. 2021. 滴灌春小麦植株干物质积累与分配特性及对产量的影响. 西北农业学报, 30(1): 50-59.

袁伟, 陈婉华, 王子阳, 等. 2021. 双季稻秸秆还田与减施氮肥对水稻产量和品质的影响. 江西农业大学学报, 43(4): 711-720.

张盼盼, 邵运辉, 刘京宝, 等. 2022. 氮锌配施对不同玉米品种灌浆期生理特性和籽粒氮锌含量的影响. 核农学报, 36(5): 1042-1051.

张士昌, 史占良, 李孟军, 等. 2016. 长期定位氮胁迫对小麦碳氮代谢、氮素利用及产量的影响. 河南农业科学, 45(12): 13-19.

张震, 钟雯雯, 王兴亚, 等. 2017. 前茬小麦栽培措施对后茬玉米光合特性及产量的影响. 华北农学报, (4): 155-161.

赵艳, 罗铮, 杨丽, 等. 2022. 氮肥运筹对稻茬小麦氮素转运、干物质积累、产量及品质的影响. 麦类作物学报, 42(8): 42.

郑春雨, 沙珊伊, 朱琳, 等. 2023. 基于生态和社会效益优化黑土区高产玉米氮肥施用量. 中国农业科学, 56(11): 2129-2140.

周晓楠, 刘影, 杜承航, 等. 2022. 优化氮肥配置提高小麦—玉米贮墒旱作栽培水氮利用效率. 中国农业大学学报, 27(1): 14-25.

FAO. 2021. Food and agriculture data. https://www.fao.org/faostat/zh/#data/RFN [2024-02-21].

Hikosaka K. 2004. Interspecific difference in the photosynthesis–nitrogen relationship: patterns, physiological causes, and ecological importance. Journal of Plant Research, 117(6): 481-494.

Quan Z, Zhang X, Fang Y T, et al. 2021. Different quantification approaches for nitrogen use efficiency lead to divergent estimates with varying advantages. Nature Food, 2(4): 241-245.

Tong L I, Saminathan R, Chang C W. 2017. Uncertainty assessment of non-normal emission estimates using non-parametric bootstrap confidence intervals. Journal of Environmental Informatics, 28(1): 61-70.

Yu X, Keitel C, Zhang Y, et al. 2022. Global meta-analysis of nitrogen fertilizer use efficiency in rice, wheat and maize. Agriculture, Ecosystems & Environment, 338: 108089.

Zhuang M, Zhang J, Kong Z, et al. 2020. Potential environmental benefits of substituting nitrogen and phosphorus fertilizer with usable crop straw in China during 2000–2017. Journal of Cleaner Production, 267(19): 122125.

Zhang W, Dou Z, He P, et al. 2013. New technologies reduce greenhouse gas emissions from nitrogenous fertilizer in China. Proceedings of the National Academy of Sciences of the United States of America, 110(21): 8375-8380.

第3章 优化小麦—玉米周年秸秆还田方式
提升土壤质量与固碳潜力

3.1 优化小麦—玉米周年秸秆还田方式改变土壤微生物群落

诸多研究表明，不同耕作、施肥和管理方式等均可引起土壤微生物群落和功能的变化。土壤微生物在土壤生态系统中起着关键作用，80%～90%的土壤相关功能由微生物调节，包括土壤养分转化、土壤系统的稳定性及抗干扰能力等（杨学明等，2004）。真菌构成了大部分微生物生物量，具有促进土壤有机质循环的作用，并且参与毒物降解和作物病害发生等重要的土壤生态过程（陈丹梅等，2017），是维持生态系统功能的基础和生态系统健康的指示物（孙冰洁等，2015）。因此，基于华北平原小麦—玉米周年种植系统，研究不同耕作措施和秸秆还田方式下真菌群落、功能变化及其驱动因素对提升农田土壤肥力具有重要意义。

耕作方式作为重要的农田管理措施影响农业生态环境（Azooz et al.，1996），合理的耕作与秸秆还田方式可以有效地增加土壤有机质含量，为土壤微生物的生长与繁殖提供丰富的养分资源（郭梨锦，2018）。Wang 等（2016a）研究发现，耕作方式通过影响西北地区土壤颗粒机械组成和养分含量，进而影响土壤子囊菌门和担子菌门的分布水平。Sun 等（2016）通过磷脂脂肪酸法（PLFA）研究明确，在东北黑土中免耕比翻耕更有利于增加表层土壤微生物生物量，且在表层形成以真菌为优势种群的群落，利于真菌的生长。郭梨锦等（2013）在湖北小麦—水稻轮作农田中研究表明，免耕显著降低真菌和革兰氏阴性菌的生物量以及真菌/细菌，长期免耕和秸秆还田有利于提高土壤微生物多样性。可见，耕作与秸秆还田方式影响农田土壤真菌群落生物量与群落组成。目前，关于农田不同耕作与秸秆还田方式对土壤真菌群落结构与功能的影响研究并不完善。应用 Illumina MiSeq 高通量测序可以在种水平研究真菌群落组成，但很难解读真菌的功能（姚晓东等，2016）。此外，基于 PLFA 法可以对发挥主导作用的功能型真菌进行分类比较，但更侧重微生物群落的总体分析，总体种类较少，数据量相对较小（聂三安等，2018）。合理的耕作与秸秆还田方式能够改善土壤水、肥、气、热等条件，促进土壤微生物生长，是改善土壤肥力状况的重要措施。然而，土壤真菌群落及功能对不同耕作和秸秆还田方式的响应差异，尤其是不同耕作和秸秆还田方式影响了哪些关键养分指标，进而调控了土壤真菌群落与功能，亟须进行深入研究。

本研究采用高通量测序法对土壤真菌群落多样性进行比较，并结合 FUNGuild 工具预测真菌功能营养型，系统比较不同耕作与秸秆还田方式对农田土壤真菌群落和功能的影响。

本研究基于始于 2012 年 10 月的小麦—玉米周年耕作长期定位试验，采用 Illumina Miseq 高通量测序，基于 FUNGuild 对真菌序列进行功能分类，研究土壤真菌群落结构及功能对不同耕作和秸秆还田方式的响应差异，并结合土壤理化性状揭示其驱动因素，以期阐明不同耕作和秸秆还田方式影响华北农田土壤肥力的生物学机制，为华北平原农田土壤地力提升提供科学依据。

定位试验设于山东省农业科学院龙山试验基地（36°43′N，117°32′E）。该试验基地位于华北平原典型小麦玉米一年两熟轮作区，土壤类型为褐土，属于典型温带大陆性季风气候，年均日照时数 2647.6 h，年均气温 12.8℃，年均降雨量 600.8 mm，无霜期 209 d。试验地土壤有机质为 14.81 g/kg，全氮为 0.85 g/kg，有效磷为 19.26 mg/kg，有效钾为 46.37 mg/kg，pH 为 7.64。

设置大田裂区试验，主因素为小麦播前免耕（NT）、深耕（DT）和旋耕（RT）3 种耕作方式（玉米均为贴茬免耕直播）；副因素为小麦—玉米秸秆双季秸秆还田（DS）和小麦秸秆单季还田（SS），共 6 个处理（表 3-1）。每个处理 3 次重复，共 18 个小区，小区面积为 270 m²（6 m×45 m）。小麦品种为济麦 22，播量 172.5 kg/hm²，播种方式为宽幅精播；玉米品种为鲁单 9066，行距 60 cm，种植密度为 75 000 株/hm²。小麦播种前，施用 600 kg/hm² 复合肥（N：P_2O_5：K_2O 为 17：17：17）作基肥，小麦拔节期追施尿素 225 kg/hm²。玉米播种前，施用 600 kg/hm² 复合肥（N：P_2O_5：K_2O 为 17：17：17）作基肥，玉米大口期追施尿素 225 kg/hm²。

表 3-1　不同耕作与秸秆还田方式处理

处理	小麦季	玉米季
NTD	免耕+秸秆还田	免耕直播+秸秆还田
NTS	免耕+秸秆还田	免耕直播
DTD	深耕+秸秆还田	免耕直播+秸秆还田
DTS	深耕+秸秆还田	免耕直播
RTD	旋耕+秸秆还田	免耕直播+秸秆还田
RTS	旋耕+秸秆还田	免耕直播

3.1.1　样品采集和数据统计

3.1.1.1　样品采集与测定

于 2017 年 6 月小麦收获期和 10 月玉米收获期，小区"S"形 5 点采集 0～10 cm

和 10～20 cm 耕层土壤样品。同小区同土层样品混为一个土样，用冰盒保存并迅速带回实验室。剔去植物根和小石块等杂质后，部分样品冻存于−80℃冰箱中，用于土壤微生物分析，部分鲜土样用于测定土壤可溶性有机碳（DOC），部分样品自然风干后过 0.25 mm 和 1 mm 筛测定土壤养分指标，剩余样品−80℃冷藏测定土壤真菌群落。

使用 DNA 提取试剂盒提取土壤 DNA（OMEGA，美国），提取方法参照说明书。利用 1%琼脂糖凝胶电泳检测抽提基因组 DNA 的纯度和完整性。使用 NanoDrop ND-2000 分光光度计（Thermo Scientific，美国）测定所提 DNA 的浓度与纯度。选用真菌 18S rDNA 通用引物 0817F：5′-TTAGCATGGAATAATRRAATAGGA-3′；1196R：5′-TCTGGACCTGGTGAGTTTCC-3′进行扩增（Rousk et al., 2010），选用 TransGen AP221-02 试剂盒，扩增体系：20 μL，包括 4 μL 的 5×FastPfu Buffer，2 μL 的 2.5 mmol/L dNTPs，引物（5 μmol/L）各 0.8 μL，0.4 μL 的 FastPfu Polymerase 和 10 ng 模板 DNA。扩增条件：95℃解链 2 min，95℃ 30 s，55℃ 30 s，72℃ 30 s，25 个循环，再 72℃延伸 5 min，于 ABI GeneAmp® 9700 型 PCR 仪上进行。每个样本 3 次重复，将同一样本的 PCR 产物混合后用 2%琼脂糖凝胶电泳检测，回收扩增子，依照 AxyPrep DNA Gel Extraction Kit 说明书进行纯化（Axygen Biosciences，美国），再用 QuantiFluor™-ST（Promega，美国）进行定量。采用 Illumina MiSeq 测序平台标准流程进行双端测序，由上海美吉生物医药科技有限公司提供技术支持。

3.1.1.2　数据统计

经过 QIIME（1.8.0 版）软件过滤、拼接、去除嵌合体后（Edgar，2013；Caporaso et al.，2010），聚类为用于物种分类的运算分类单元（operational taxonomic unit，OTU），并将所有样品进行抽平。采用 RDP classifier 贝叶斯算法对 97%相似水平的 OTU 代表序列进行分类学分析（Wang et al.，2007），置信度阈值为 0.7，选用 Silva（128 版，http://www.arb-silva.de）数据库（Quast et al.，2013），得到分类学信息。利用 Mothur 软件（1.31.2 版）进行 α 多样性分析（Schloss et al.，2011）。基于 UniFrac 距离进行群落结构分析（Catherine and Rob，2005）。使用 Python 3.7 进行真菌功能类群 FUNGuild 数据库比对（Nguyen et al.，2015）。不同处理采用 SPSS 20.0 软件进行单因素方差分析（ANOVA）与邓肯检验（Duncan's test）。

3.1.2　土壤真菌多样性

利用 Illumina MiSeq 平台对真菌 18S rRNA 基因进行的测序结果显示（表3-2），36 个土壤样本共获得 1 372 440 条有效序列，378 个 OTU，各样本的覆盖率指数显示 0～10 cm 及 10～20 cm 土层土壤 OTU 涵盖了土壤中约 99.9%的真菌。测序深度能够比较真实地反映土壤样本的真菌群落，代表真菌群落多样性。将数据抽平，每个样品得到 23 295 条高质量序列。

表 3-2　不同耕作方式和秸秆还田制度下土壤真菌高通量测序及群落 α 多样性分析

土层	处理	序列数	OTU 数目	覆盖度(%)	香农指数	ACE 指数	Chao1 指数
0～10 cm	NTD	22 368	160.67±4.73bc	99.86	2.93±0.09b	187.14±12.24a	190.50±17.14a
	NTS	22 368	152.00±3.00c	99.88	2.96±0.05b	171.75±6.00a	170.46±4.52a
	DTD	22 368	154.00±11.27bc	99.82	2.84±0.06b	194.55±45.81a	197.44±51.97a
	DTS	22 368	175.00±1.00a	99.88	2.95±0.11b	203.64±4.26a	202.76±12.03a
	RTD	22 368	167.00±16.52abc	99.87	2.87±0.03b	207.69±26.83a	212.52±23.99a
	RTS	22 368	177.33±3.06a	99.85	3.10±0.08a	194.63±7.08a	194.01±12.00a
	耕作方式		*		ns	ns	ns
	还田方式		ns		**	ns	ns
	交互作用		*		ns	ns	ns
10～20 cm	NTD	22 368	167.00±4.36a	99.91	3.24±0.09a	184.75±6.58a	190.12±13.69a
	NTS	22 368	131.33±8.14b	99.89	2.49±0.34b	153.34±2.32b	158.04±4.56b
	DTD	22 368	143.67±10.07b	99.86	2.52±0.24b	158.66±11.23b	158.53±11.96b
	DTS	22 368	178.67±2.08a	99.86	3.13±0.06a	193.56±5.18a	197.41±2.47a
	RTD	22 368	163.33±7.64a	99.89	2.97±0.06a	194.48±14.13a	192.32±11.16a
	RTS	22 368	172.33±13.05a	99.89	3.18±0.03a	200.79±16.43a	199.87±12.53a
	耕作方式		**		ns	**	**
	还田方式		ns		ns	ns	ns
	交互作用		***		***	**	***

注：同列数据后不含有相同小写字母表示差异显著（$P<0.05$）。*表示 $P<0.05$，**表示 $P<0.01$，***表示 $P<0.001$，ns 表示差异不显著。下同

OTU 数目与 α 多样性指数表示物种的丰富度，即一个群落或生境内物种的复杂程度，值越高表明群落内物种数目越多。方差分析结果表明，耕作方式显著影响 0～10 cm 和 10～20 cm 土层真菌 OTU 数目，而秸秆的还田方式显著影响 0～10 cm 土层真菌香农指数（Shannon index）。

本研究中，图 3-1 显示农田土壤 0～10 cm 土层真菌主要包含子囊菌门（Ascomycota）、担子菌门（Basidiomycota）和壶菌门（Chytridiomycota），相对丰度分别为 68.98%、16.96%和 1.62%，约占 87.55%，未被分类到已知真菌（unclassified）

的序列占 9.45%；土壤 10～20 cm 土层真菌主要包含子囊菌门、担子菌门、壶菌门和球囊菌门（Glomeromycota），相对丰度分别为 68.44%、15.52%、1.51% 和 1.23%，约占 86.71%，未被分类到已知真菌的序列占 10.95%。这说明子囊菌门、担子菌门、壶菌门均为该地区麦玉农田耕层土壤的优势真菌。其中，双季秸秆还田（DS）处理比小麦秸秆单季还田（SS）处理在 0～10 cm 和 10～20 cm 土层担子菌门（Basidiomycota）相对丰度分别显著提高 50.07% 和 29.08%（图 3-2，$P<0.05$）。β 多样性用来比较不同环境中真菌群落结构的差异性，UniFrac 距离用于估计不同处理间的差异。在 0～10 cm 土层，PCoA 纵坐标图显示 PC1 轴和 PC2 轴分别可以解释 37.29% 和 23.11% 的群落组成差异（图 3-3a）。相同处理的样本聚集在一起，这表明来自相同样本的相似性很高但不同处理的样品之间存在差异。秸秆单季还田中，免耕、深耕和旋耕处理之间的簇分离，进一步说明不同处理土壤真菌群落之间存在差异。相反，在 10～20 cm 土层，除 NTS 与 DTD 外，不同处理样本彼此靠近，说明处理之间真菌群落结构相似（图 3-3b）。可见，不同耕作和秸秆还田制度对农田不同土层土壤真菌群落的影响存在差异。

虽然不同耕作方式之间土壤真菌群落物种组成相似，但不同秸秆还田方式下土壤主要真菌门相对丰度存在差异。双季秸秆还田担子菌门相对丰度高于单季还田。这说明担子菌门的相对丰度受到秸秆还田量的影响。这可能是因为秸秆富含木质素（张经廷等，2018），担子菌门中的某些种群，如白腐真菌，分解碳氮比高的木质素（Lauber et al.，2008）。双季秸秆还田为担子菌提供了一个较好的生长环

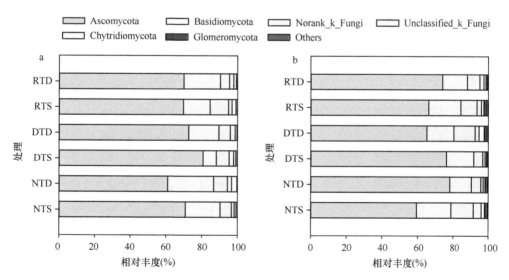

图 3-1　不同处理 0～10 cm（a）和 10～20 cm（b）土层真菌优势门组成（平均相对丰度＞1%）
Norank_k_Fungi 表示该真菌在分类系统中没有被分配到一个特定的分类单元，Unclassified_k_Fungi 表示该真菌尚未被归类到一个明确的分类单元中，Others 表示其他

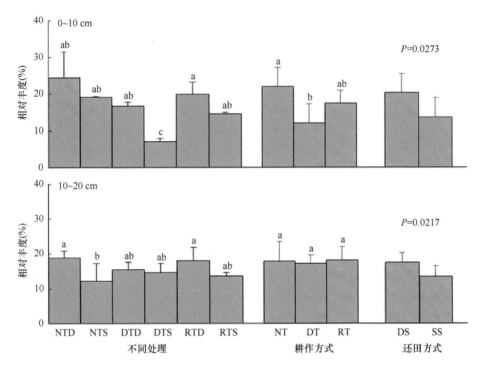

图 3-2　不同耕作和秸秆还田方式下土壤 0～10 cm 和 10～20 cm 土层担子菌门相对丰度

NT，免耕；DT，深耕；RT，旋耕；DS，双季秸秆还田；SS，小麦秸秆单季还田。下同

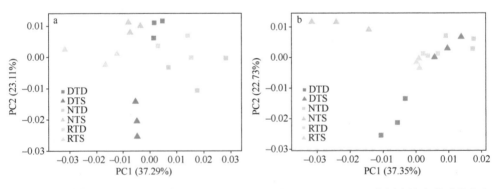

图 3-3　不同耕作和秸秆还田方式下，0～10 cm（a）和 10～20 cm（b）土层土壤真菌群落主坐
标分析

采用 UniFrac 距离算法比较不同处理间群落的差异

境，更多地利用降解作物残留物，从而促进其快速增长。不同处理因作物残体量的差异及土壤微环境的不同，进而改变了真菌物种组成。对于免耕双季秸秆还田与旋耕双季秸秆还田来说，大量秸秆还田提高了表层土壤有机质。有机质作为微生物的能量来源和代谢底物，土壤有机质的含量及其成分显著影响着微生物的群落组成（王慧颖等，2018）。秸秆富含木质素，通过秸秆还田土壤中增加的有机碳

成分多为复杂且难被分解的木质素等，更易被 K-策略的贫营养型真菌群落分解利用（Strickland and Rousk，2010），故免耕双季秸秆还田与旋耕双季秸秆还田真菌群落区别于其他处理。

3.1.3　土壤真菌功能类群

采用 FUNGuild 预测农田土壤真菌群落的营养型，本研究结果将其鉴定为病理营养型（pathotroph）、腐生营养型（saprotroph）和共生营养型（symbiotroph），以及其他无法鉴定营养型的种群。从营养类型看，华北平原小麦玉米农田土壤真菌以病理营养型为主（图 3-4），在 0～10 cm 土层，与 NT 相比，DT 和 RT 处理病理营养型真菌相对丰度分别显著降低 25.16%和 16.45%（图 3-4，$P<0.05$），且以 DTS 处理最低。RT 处理腐生营养型真菌相对丰度显著高于 DT（0～10 cm）和 NT（10～20 cm）（图 3-4，$P<0.05$），说明秸秆还田后旋耕更有利于腐生营养型真菌的生长。共生营养型真菌在 0～10 cm 土层 SS 处理中相对丰度显著高于 DS（图 3-4，$P<0.05$），说明连续多年集约化的双季秸秆还田不利于共生营养型真菌在农田耕层土壤中的富集。

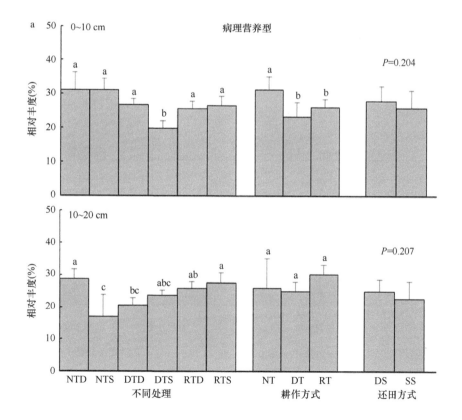

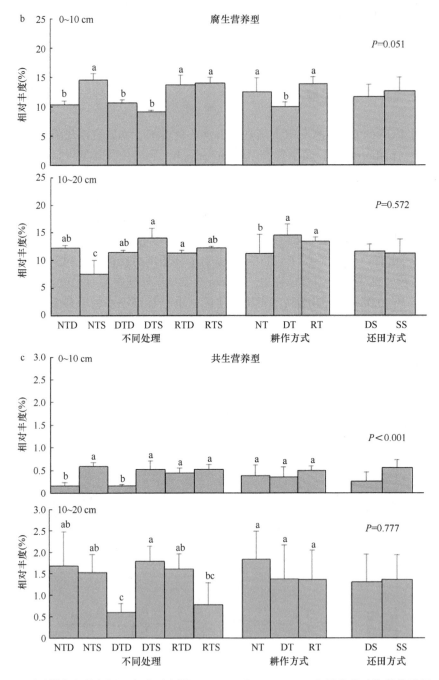

图 3-4　不同耕作和秸秆还田方式下土壤 0~10 cm 和 10~20 cm 土层真菌功能营养型相对丰度

柱形上方不含有相同小写字母表示差异显著（$P<0.05$）

根据营养方式可将真菌分为病理营养型、腐生营养型和共生营养型 3 种类型。本研究结果显示，秸秆单季还田共生营养型真菌丰度高于双季秸秆还田（图 3-4），其在作物健康、营养和品质方面具有重要作用（聂三安等，2018）。因此，我们认为秸秆单季还田比双季还田更有益于土壤肥力和作物生产。病理营养型真菌从宿主细胞获取营养来源，土壤中的病理营养型真菌对植物生长具有一定负面影响（Wang et al.，2018；Nthony et al.，2017）。因此，选择适宜的耕作措施，增加真菌生物多样性，可以预防或减少根系疾病的损害，在保持土壤质量和健康方面发挥至关重要的作用。

3.1.4　土壤真菌功能群与环境因子的关系

相关性分析结果显示（表 3-3），病理营养型丰度与土壤有机碳（TOC）（$r=0.600$，$P<0.001$）、可溶性有机碳（DOC）（$r=0.563$，$P<0.001$）、全氮（TN）（$r=0.428$，$P<0.01$）、碱解氮（AN）（$r=0.394$，$P<0.05$）和有效钾（AK）（$r=0.517$，$P<0.01$）均呈显著正相关关系。除土壤 pH 外（$r=0.570$，$P<0.01$），共生营养型丰度与土壤 TOC（$r=-0.535$，$P<0.01$）、TN（$r=-0.597$，$P<0.001$）、AN（$r=-0.525$，$P<0.01$）、有效磷（AP）（$r=-0.698$，$P<0.001$）和 AK（$r=-0.503$，$P<0.01$）均呈显著负相关关系。

表 3-3　不同耕作与秸秆还田方式土壤真菌功能营养型丰度与土壤理化性质的相关性

功能营养型	pH	有机碳（TOC）	可溶性有机碳（DOC）	全氮（TN）	碱解氮（AN）	有效磷（AP）	有效钾（AK）
病理营养型	0.087	0.600***	0.563***	0.428**	0.394*	0.291	0.517**
腐生营养型	−0.180	0.286	0.249	0.11	0.204	0.058	0.194
共生营养型	0.570**	−0.535**	−0.323	−0.597***	−0.525**	−0.698***	−0.503**

注：*、**、***分别表示在 0.05、0.01、0.001 水平显著相关；样本数 $n=36$

本研究中，深耕一定程度上降低了病理营养型真菌丰度，这说明深耕能够降低秸秆还田后作物生长过程中潜在的负面影响。不同的耕作方式及秸秆还田方式带来的营养条件与土壤微环境的改变对病理营养型真菌存在显著影响，土壤 TOC 与病理营养型真菌呈极显著正相关（$P<0.001$），这说明通过大量秸秆还田，将土壤有机碳富集在耕层土壤，存在一定的负面影响。秸秆还田增加农田病虫害是我国华北地区麦玉轮作两季秸秆还田农业生态系统中普遍存在的问题（董印丽等，2018），本研究结果表明，深耕能够减少土壤病原真菌，降低农田病虫害风险，促进作物生长，提高产量与品质。腐生真菌汲取生长所需营养及氨基酸类物质（李秀璋，2017），但研究结果显示腐生营养型真菌丰度与土壤 TOC 和 DOC 并无显著相关关系。这可能是因为 FUNGuild 功能比对是基于已有文献和数据，

仅在一定程度上解析了真菌的功能（Wang et al.，2018）。本研究中62.00%的土壤真菌功能未被解析出来，复杂的土壤真菌群落功能仍有待深入研究。

本章节通过对土壤真菌采用Illumina MiSeq高通量测序结合FUNGuild功能比对进行分析，研究华北平原多年定位试验条件下小麦—玉米周年复种农田土壤真菌群落多样性和功能对不同耕作与秸秆还田方式的响应。子囊菌门（Ascomycota）和担子菌门（Basidiomycota）是华北平原小麦—玉米农田土壤中的优势真菌，其中以子囊菌门为主。此外，双季秸秆还田下相较于单季秸秆还田担子菌门相对丰度有所提高，土壤有机碳是影响土壤真菌群落功能变化的首要因素。与免耕和旋耕相比，深耕能够降低秸秆还田后病理营养型真菌相对丰度，降低作物生长存在的潜在的负面影响，有利于保持农田土壤生态系统健康。

3.2 优化小麦—玉米周年秸秆还田方式 提高土壤有机碳固定潜力

秸秆还田条件下，耕作是影响土壤微生物的主要生产实践，其物理干扰导致土壤颗粒机械组成的变化，以及土壤与秸秆混合程度的不同（Wang et al.，2016b）。微生物群落受到土壤环境的多种物理化学和生物学特性的影响，并承担了许多土壤生态系统功能（Fierer et al.，2012）。微生物介导了土壤中80%~90%的过程，有助于多种土壤功能的实现，包括有机物质的关键生物地球化学循环，并维持土壤结构和土壤生态系统的稳定性（Sengupta and Dick，2015）。这些功能与土壤生态系统必需品（如食物和木材）和服务［如固定土壤有机碳（SOC）和抑制病原体］紧密相关（Lijbert，2012；Wen et al.，2020）。因此，土壤微生物特性被认为是SOC动态变化的敏感指标（Wen et al.，2019）。近几年，关于不同耕作方法对微生物群落SOC固定影响的相关研究引起了研究者广泛的关注。例如，减少耕作和秸秆还田有利于土壤中有益细菌群的存在（Essel et al.，2018）和细菌的丰富性（Pastorelli et al.，2013），可提高细菌群落的多样性（Ceja-Navarro et al.，2010）。基于全球范围内232个数据对的荟萃分析表明，NT可以提高土壤微生物生物量碳（Li et al.，2021）。对于细菌群落而言，耕作对其物种丰富度和组成的影响要比对真菌群落更为明显（Anderson et al.，2017）。然而，有研究者认为有关微生物分类组成本身的信息通常不足以预测功能（Manoharan et al.，2017）。当前研究缺乏在不同耕作方法下考虑功能基因、碳水化合物代谢途径和碳水化合物活性酶的微生物群落的详细研究。耕作方式对农田微生物群落影响的全球文献已有报道，但是关于微生物群落的相关功能、碳代谢途径基因丰度和酶编码基因的详细数据较少。

为了获得有关功能基因多样性和土壤微生物学功能潜力的信息，可以通过宏基因组测序对微生物群落概况进行表征。宏基因组学用于直接检测和定量 DNA 序列，从而避免了 PCR 扩增产生偏倚，并通过基因富集分析提供功能注释（Chang et al.，2017；Sharpton，2014）。宏基因组学使研究人员能够通过量化微生物群落的功能组成来回答有关微生物群落的功能、土壤功能如何变化以及土壤功能如何对微环境做出反应的问题（Manoharan et al.，2017；Fierer et al.，2014）。宏基因组技术基于 NR 数据库（https://ftp.ncbi.nlm.nih.gov/blast/db/FASTA/）的基因序列揭示分类学结构（Zhang et al.，2016），根据直系同源蛋白质簇（Cluster of Orthologous Groups of Proteins，COG）提供功能注释（Kolmeder et al.，2015），使用京都基因和基因组数据库（Kyoto Encyclopedia of Genes and Genomes，KEGG）阐明代谢途径（Mao et al.，2005），并使用碳水化合物活性酶数据库（Carbohydrate-Active Enzymes Database，CAZy）探究碳水化合物活性酶和碳水化合物代谢途径（Lombard et al.，2013）。因此，基于对土壤微生物群落组成的了解，我们可以概括与 SOC 循环相关的功能基因组成和碳水化合物代谢途径（Sengupta and Dick，2015；Manoharan et al.，2017；Yang et al.，2014）。对土壤基因组中酶编码基因的深入了解可以帮助理解微生物在 SOC 固定中的功能潜力（Manoharan et al.，2017）。

本节涉及的大田试验为始于 2012 年 10 月的小麦—玉米周年不同耕作方式长期定位试验，主要选取 3.1 节中小麦—玉米秸秆双季秸秆还田条件下免耕（NT）、深耕（DT）和旋耕（RT）3 个耕作处理，试验地概况与管理情况详见 3.1 节试验设计。

3.2.1　数据分析与统计

3.2.1.1　样品采集与测定

于 2017 年在小麦和玉米成熟期收集土壤样品。从每个样地中随机选择 5 个地点，从 0～20 cm 土层采集土壤样品。然后将每个样地的土壤样品均匀混合。挑拣除去可见的根和残留物。土壤 DNA 提取使用 DNA 提取试剂盒（OMEGA，美国），提取方法参照说明书。利用 1%琼脂糖凝胶电泳检测抽提基因组 DNA 的纯度和完整性。通过分光光度计（NanoDrop® ND-1000，Thermo Scientific，美国）测量 DNA 的产量和纯度。利用 Covaris M220 超声波破碎仪 [基因有限公司（Gene Company Limited），中国] 将总 DNA 片段化为 300 bp 左右的大小，用于配对末端（PE）文库的构建。PE 文库构建利用 TruSeq™ DNA 样品制备试剂盒（Illumina，美国）进行。通过上海美吉生物医药科技有限公司（Shanghai Majorbio Bio-Pharm Technology Co., Ltd.）的 Illumina HiSeq 4000 平台（Illumina，美国）完成测序。在此过程中，使用了 HiSeq 3000/4000 PE Cluster Kit 和 HiSeq 3000/4000 SBS Kit，使用方法参照产品说明书。

使用软件 SeqPrep（https://github.com/jstjohn/SeqPrep）对序列 3′端和 5′端进行剪切。使用软件 Sickle（https://github.com/najoshi/sickle）去除剪切后长度小于 50 bp、平均质量值低于 20 以及含 N 碱基的测序片段（reads），保留高质量的测序片段。使用 Megahit（https://github.com/voutcn/megahit）和 Newbler（https:// ngs.csr. uky.edu/Newbler）对优化序列进行拼接组装（Li et al.，2015）。保留了长度超过 1000 bp 的重叠群，我们使用 Quast 4.3 评估生成的重叠群的质量和数量。使用 MetaGene（http://metagene.cb.k.u-tokyo.ac.jp/）预测来自样本重叠群的开放阅读框（ORF）（Noguchi et al.，2006）。预测的长度大于或等于 100 bp 的 ORF 被剔除并通过 NCBI 翻译表进行翻译（http://www.ncbi.nlm.nih.gov/Taxonomy/taxonomyhome. html/index.cgi?chapter=tgencodes#SG1）。来自基因组的所有序列都被归类为非冗余基因目录，具有 95%的同一性和 90%的 CD-HIT 覆盖率（http://www.bioinformatics. org/cd-hit/）（Fu et al.，2012）。为了评估基因丰度，使用 SOAPaligner（http://soap. genomics.org.cn/）将高质量序列映射到具有 95%同一性的非冗余基因目录中（Peng et al.，2012）。使用比对搜索工具 BLASTP 2.2.28（http://blast.ncbi. nlm.nih.gov/ Blast.cgi）将 ORF 与 NR 数据库（Altschul et al.，1997）、eggNOG 数据库（https:// www.ncbi.nlm.nih.gov/research/cog-project/）（Jensen et al.，2007）、KEGG 数据库（Xie et al.，2011）、CAZy 数据库（Mao et al.，2005）进行比对，e 值优化值为 $1×10^{-5}$。种群丰度/功能模块丰度/KEGG ortholog丰度/酶丰度是通过将标注相同特征的基因丰度相加来计算。

3.2.1.2 数据分析与统计

Circos 样本与物种、功能或基因关系图是一种描述样本与物种、功能或基因之间对应关系的可视化图，该图不仅反映每个样品的优势物种、功能或基因组成比例，也可反映优势物种、功能或基因在不同样品之间的分布比例。不同处理中土壤细菌、古菌和真菌的相对丰度差异通过单因素的方差分析（ANOVA）并使用邓肯检验（Duncan's test）（SPSS 22.0，美国）进行多重比较。主坐标分析（PCoA）数据来自使用 QIIME2 的 NR 数据库、eggNOG 数据库、KEGG 数据库和 CAZy 数据库。使用布雷-柯蒂斯（Bray-Curtis）距离估算了 β 多样性。用方差分析对 COG、KEGG 和 CAZy 的功能基因进行单因素方差分析，事后检验分析采用图基-克雷默（Tukey-Kramer）检验方法。使用对 COG、KEGG 和 CAZy 有贡献的微生物群落进行 PCoA 分析（R 3.6.3）。

3.2.2 不同处理下微生物的丰度与多样性

本研究中，从每个样本中获得了 0.965 亿～1.1827 亿（平均 1.0850 亿）条序

列。在这些序列中，优势菌群（相对丰度>1%）是 Proteobacteria（小麦季 31.34%
和玉米季 31.25%）、Actinobacteria（小麦季 22.60%和玉米季 26.30%）、Acidobacteria
（小麦季 9.26%和玉米季 11.06%）、Chloroflexi（小麦季 7.01%和玉米季 5.03%）、
Gemmatimonadetes（小麦季 3.00%和玉米季 4.02%）、Firmicutes（小麦季 5.98%和
玉米季 2.54%）、Thaumarchaeota（小麦季 2.43%和玉米季 2.46%）、Bacteroidetes
（小麦季 3.37%和玉米季 2.07%）、Planctomycetes（小麦季 1.88%和玉米季 1.86%）、
Cyanobacteria（小麦季 2.00%和玉米季 1.86%）、Nitrospirae（小麦季 1.11%和玉米
季 1.35%）和 Verrucomicrobia（小麦季 1.68%和玉米季 1.02%）（图 3-5）。所有处

表 3-4　不同处理下土壤细菌、古细菌和真菌相对丰度

指标	小麦季			玉米季		
	NT	RT	DT	NT	RT	DT
细菌	95.96±0.12a	95.31±0.29b	94.79±0.01c	96.07±0.31	96.06±0.24	95.94±0.23
古细菌	2.83±0.09b	3.46±0.19a	3.73±0.14a	3.43±0.33	3.42±0.22	3.56±0.26
真菌	1.21±0.06b	1.23±0.11b	1.47±0.15a	0.50±0.02	0.52±0.05	0.50±0.03

注：表中数值（平均值±标准差）表示每个处理的绝对值，表中不同的字母表示各处理之间的差异显著（$P<0.05$），
事后检验采用邓肯多重比较。不同处理之间，细菌、古细菌和真菌的相对丰度在玉米季没有显著差异

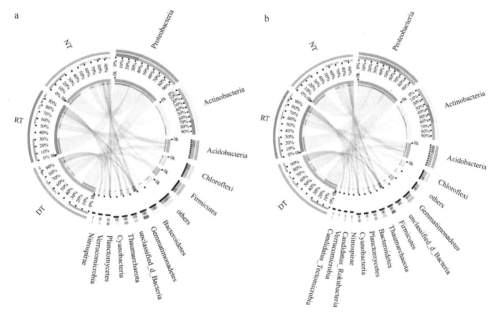

图 3-5　免耕（NT）、旋耕（RT）、深耕（DT）耕作方式下麦玉农田小麦季（a）和玉米季（b）
0～20 cm 土层优势群落的相对丰度（平均相对丰度>1%）

unclassified_d_Bacteria：该细菌尚未被归类到一个明确的分类单元中。数据是重复处理的平均值，最外圈列出了 3
种处理和优势门的名称。中间圈代表 3 种处理中优势门的分布。微生物门种类和处理之间的条形宽度与每种处理
中各门的相对丰度相关。圈中的不同颜色表示不同的处理方式和微生物门种类

理中，细菌占序列的94%以上（表3-4）。在小麦季，RT和DT的细菌相对丰度显著低于NT处理。值得注意的是，NT处理中真菌的相对丰度显著低于DT处理（表3-4）。但是，玉米季中不同处理之间细菌、古细菌和真菌的相对丰度没有显著差异（表3-4）。

　　土壤微生物在土壤微环境之间通过转移碳，以实现其基本生存（Gougoulias et al.，2014）。秸秆还田后，微生物利用秸秆有机化合物作为碳源和能源。在NT处理中，大量秸秆被放置在土壤表面，减少了秸秆与土壤颗粒之间的接触，使其不易被微生物降解（Helgason et al.，2009）。相反，深耕处理中秸秆与土壤颗粒完全接触。秸秆中较高的碳氮比（C/N ratio）（Raaijmakers et al.，2009；Kölbl and Kögel-Knabner，2004）、丰富的纤维素和木质素（Robertson et al.，2008；Chen et al.，2018）为真菌的生长创造了有利条件（Raaijmakers et al.，2009；郭梨锦等，2013）。因此，DT处理促进了真菌群落的生长（表3-4）。本研究中，DT中真菌与细菌的比率与NT相比显著提高（$P<0.05$）。真菌与细菌的比率已在土地管理及其对SOC固定的影响中得到广泛使用（Malik et al.，2016）。首先，真菌具有更广泛的细胞外酶类型和较强的降解有机物质的能力（张焕军，2013）。DT处理中真菌的增加促进了秸秆残留物的快速降解，从而可以更有效地转化外源秸秆碳。其次，土壤中的真菌生物量和生长效率高于细菌（张焕军，2013；Ananyeva et al.，2006），且真菌比细菌有更高的碳氮比（Six et al.，2006），从而提高了碳的利用效率（Malik et al.，2016）。因此，真菌在吸收和贮存营养方面通常比细菌更有效。深耕处理中真菌相对丰度的提高对农业生产有着积极的作用。根据上述论点，我们得出结论，在秸秆大量还田［7500 kg/（hm^2·a）的小麦秸秆和9000 kg/（hm^2·a）的玉米秸秆还田］的集约化生产条件下，深耕具有更高的和更可持续的秸秆碳向SOC转化潜力。

3.2.3　微生物群落和功能结构

　　微生物的物种分类、基因和代谢多样性会受到耕作方式的影响（图3-6）。在小麦季，PCoA分析表明，群落组成和功能组成PC1及PC2的解释率分别为61.68%和19.33%（NR）、50.48%和18.76%（eggNOG）、68.21%和18.83%（CAZy）。在玉米季，PCoA分析表明，群落组成和功能组成PC1及PC2的解释率分别为52.70%和27.00%（NR）、29.13%和21.01%（eggNOG）、55.71%和15.41%（CAZy）。结果显示，相同处理的样品聚类在一起。这表明来自相同处理的样品之间具有高度相似性（图3-6）。NT、RT和DT处理之间的簇更远，表明不同处理之间的微生物分类，基因和碳代谢群落组间差异大于组内差异。

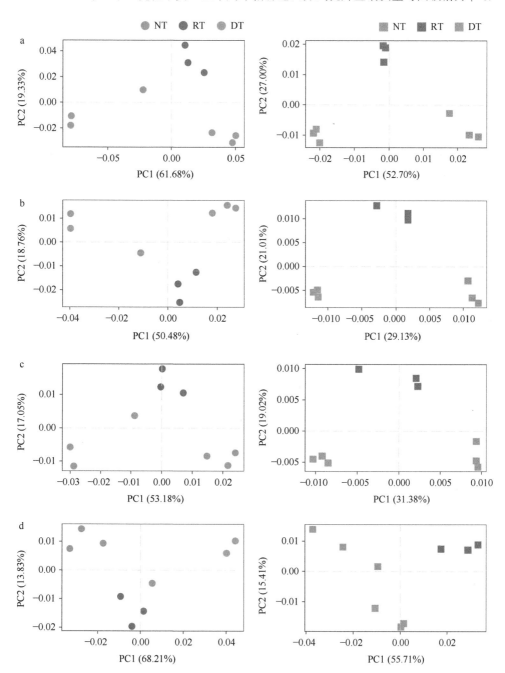

图 3-6　NR 数据库（a）、eggNOG 数据库（b）、KEGG 数据库（c）和 CAZy 数据库（d）基于 Bary-Curtis 距离的主坐标分析，免耕（NT）、旋耕（RT）和深耕（DT）的 0～20 cm 土层优势门的相对丰度

左图代表小麦季，右图代表玉米季

我们通过宏基因组测序方法对土壤微生物群落及功能进行了研究，并基于NR数据库、eggNOG数据库、KEGG数据库和CAZy数据库对功能信息进行了分析，以期了解秸秆还田后耕作方式对微生物群落的独特差异及其与碳循环相关的功能。结果表明，不同的耕作方式导致微生物群落结构和功能的差异。微生物的这些变化最终可能会影响来自秸秆的碳循环。

3.2.4 COG

值得注意的是，在玉米季，NT 处理降低碳水化合物转运代谢（carbohydrate transport and metabolism）基因相对丰度（*P*<0.05，图 3-7）。碳水化合物转运代谢

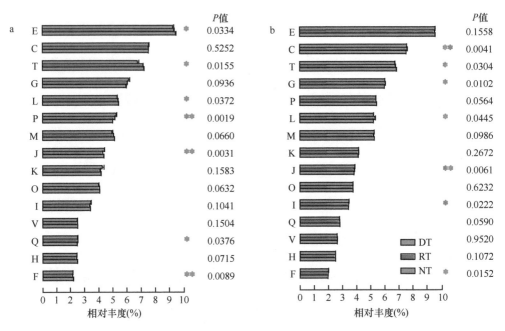

图 3-7　基于 COG 的直系同源蛋白质簇基因差异分析（取相对丰度前 15）

E，氨基糖转运代谢（amino acid transport and metabolism）；C，能量生成与转换（energy production and conversion）；T，信号转导机制（signal transduction mechanisms）；G，碳水化合物转运代谢（carbohydrate transport and metabolism）；L，复制，重组和修复（replication, recombination and repair）；P，无机离子转运代谢（inorganic ion transport and metabolism）；M，细胞壁/膜/被膜的生物合成（cell wall/membrane/envelope biogenesis）；J，翻译，核糖体结构和生物合成（translation, ribosomal structure, and biogenesis）；K，转录（transcription）；O，翻译后修饰，蛋白质折叠和伴侣蛋白（post-translational modification, protein turnover, and chaperones）；I，脂肪转运和代谢（lipid transport and metabolism）；V，抵御机制（defense mechanisms）；Q，次级代谢物生物合成，转运和代谢（secondary metabolite biosynthesis, transport and catabolism）；H，辅酶转运和代谢（coenzyme transport and metabolism）；F，核苷酸转运和代谢（nucleotide transport and metabolism）。*表示处理之间的显著差异，*P*<0.05；**表示处理之间的显著差异，*P*<0.01。a 图为小麦季；b 图为玉米季

基因主要来自 Proteobacteria、Actinobacteria、Acidobacteria、Chloroflexi、Firmicutes、Bacteroidetes、Gemmatimonadetes、Cyanobacteria、Thaumarchaeota、Planctomycetes、Verrucomicrobia 和 Nitrospirae 等微生物（图 3-8）。PCoA 结果显示，DT、RT 和 NT 处理之间的簇相互远离，这表明三种处理之间与碳水化合物转运代谢基因相关的微生物群落存在差异（图 3-8）。Proteobacteria、Actinobacteria、Acidobacteria 和 Chloroflexi 的相对丰度均高于其他优势菌门（图 3-8）。与 NT 相比，DT 处理的 Actinobacteria、Acidobacteria 和 Chloroflexi 的相对丰度显著增加（图 3-8）。但是，在所有处理中，Proteobacteria 丰度均无显著差异（图 3-8，$P>0.05$）。

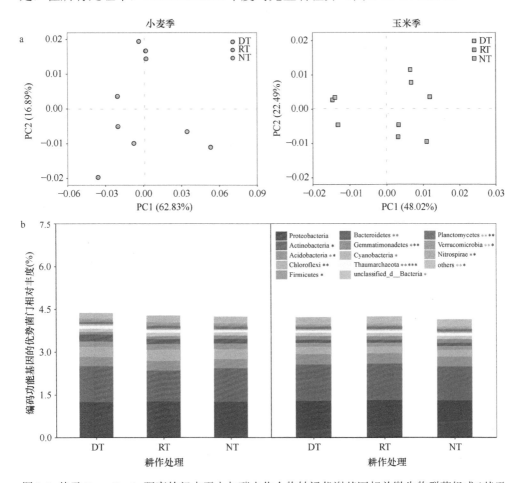

图 3-8　基于 Bary-Curtis 距离的门水平上与碳水化合物转运代谢基因相关微生物群落组成（基于 COG）的主坐标分析（a）；与碳水化合物转运代谢基因相关的优势菌门相对丰度（所注释基因相对丰度>1%）（b）

数据是每个处理的平均值（$n=3$）。*、**、***分别表示在 0.05、0.01、0.001 水平差异显著，红色星号、黑色星号分别对应小麦季、玉米季。下同

3.2.5 KEGG

基于 KEGG 数据库级别 2（level 2）的功能相关基因进行差异分析（图 3-9）。在玉米季与 NT 处理相比，DT 和 RT 处理显著提高了碳水化合物代谢（carbohydrate metabolism）基因的相对丰度（$P<0.01$，图 3-9）。碳水化合物代谢功能基因主要由 Proteobacteria、Actinobacteria、Acidobacteria、Chloroflexi、Firmicutes、Bacteroidetes、Gemmatimonadetes、Thaumarchaeota、Cyanobacteria、Planctomycetes、Verrucomicrobia、Nitrospirae、Candidatus_Rokubacteria 和 unclassified_d_Bacteria 等微生物构成（图 3-10）。在所有处理中，以上微生物类群参与碳水化合物代谢基因占总量的 93%以上。PCoA 表明，在玉米季相同处理的样品紧密聚集在一起，不同处理之间样品分开（图 3-10），这说明不同处理参与碳水化合物代谢功能基因的微生物群落存在差异。在玉米季，与 NT 处理相比，DT 处理中的 Actinobacteria、Acidobacteria 和 Chloroflexi 的相对丰度分别增加了 7.26%、6.87%和 8.24%（$P<0.05$，图 3-10），而优势菌门 Proteobacteria 的相对丰度在不同处理中无显著差异（$P>0.05$，图 3-10）。

3.2.6 CAZy

我们分析了 CAZy 基因指标，如多糖裂解酶类（polysaccharide lyases）、辅助模块酶类（auxiliary activities）、碳水化合物结合模块（carbohydrate-binding modules，CBMs）、糖苷水解酶类（glycoside hydrolases）、碳水化合物脂酶类

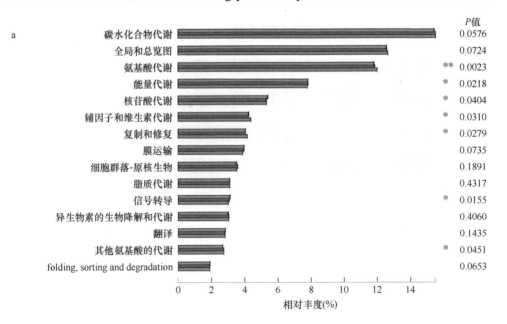

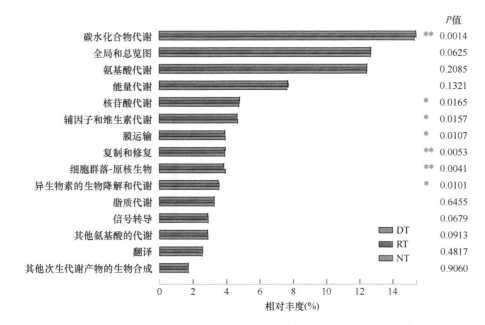

图 3-9 对 KEGG 数据库 level 2 的功能相关基因进行差异分析，小麦季（a）和玉米季（b）不同处理下的前 15 个代表性途径

*和**分别表示在 0.05 和 0.01 水平处理之间差异显著

（carbohydrate esterases）和糖基转移酶类（glycosyl transferases）的相对丰度。具体而言，与 NT 处理相比，DT 处理增加了小麦季土壤中 CBM 相关基因的相对丰度，而 RT 处理增加了玉米季中 CBM 相关基因的相对丰度（$P<0.05$，图 3-11）。

PCoA 表明，所有处理之间的簇相互远离，这表明处理之间的微生物群落存在差异。Proteobacteria、Actinobacteria、Acidobacteria、Chloroflexi、Firmicutes、

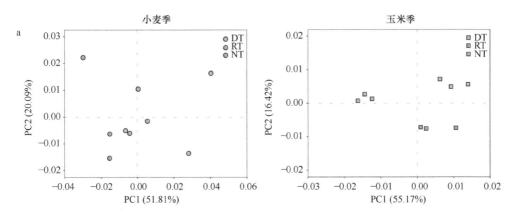

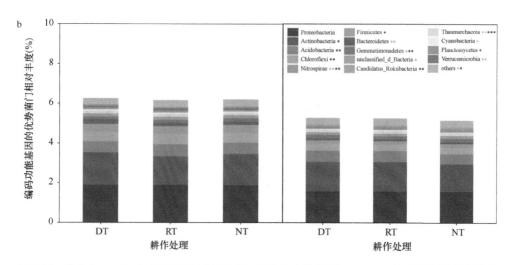

图 3-10 基于 Bary-Curtis 距离的菌群水平上与碳水化合物代谢（KEGG 2）基因相关的微生物群落组成的主坐标分析（PCoA）（a）；与碳水化合物代谢（KEGG 2）基因相关的优势菌门的相对丰度（注释基因相对丰度>1%）（b）

Bacteroidetes、Gemmatimonadetes、Thaumarchaeota 和 Cyanobacteria 是在门水平上对 CBM 过程做出贡献的优势菌门（图 3-12）。与 NT 处理相比，小麦季在 DT 处理下 Actinobacteria 相对丰度提高了 19.86%，Chloroflexi 的相对丰度提高了 26.49%（$P<0.05$）（图 3-12）；在玉米季，Actinobacteria 相对丰度提高了 4.12%，Chloroflexi 相对丰度提高了 12.01%（$P<0.05$）（图 3-12）。

CBM 相关基因广泛存在于土壤微生物种群中，如真菌、细菌和放线菌（张雨等，2019）。在深耕条件下，CBM 和碳水化合物代谢（KEGG 2）相关基因的相对丰度均增加，表明深耕有助于纤维素分解微生物的生长。这类微生物的增加能够促进秸秆降解。在 DT 处理中，编码 CBM 和碳水化合物代谢相关基因的优势菌门放线菌门（Actinobacteria）和绿弯菌门（Chloroflexi）的相对丰度显著提高（图 3-10，图 3-12）。放线菌通常与秸秆中多糖（半纤维素和纤维素）或酚类化合物的有效降解有关（Wang et al.，2016c；Větrovský et al.，2014）。此外，放线菌是包含丰富的功能类群的营养型群体，更喜欢具有高碳利用率的环境，能够快速生长并促进土壤养分循环有效进行（Xun et al.，2016）。因此，我们认为深耕促进秸秆降解，并为碳水化合物代谢相关的微生物生长提供更多的碳源。

农田耕作方式会影响土壤生态，包括土壤呼吸、微生物数量和微生物群落结构（Liu et al.，2006）。我们的研究结果进一步明确了土壤基因组的分类学和功能变化，并阐明了不同耕作方式下，微生物群落与功能对 SOC 固定的生态学意义。

秸秆还田后，秸秆的空间分布是不同耕作类型下微生物群落和功能基因组成的重要影响因素。残留物的施入促进了微生物群落的生长，但耕作方式的改变引发了不同的响应，这主要是由于耕作方式改变了暴露于微生物群落的秸秆碳源。这与我们之前的研究结果相符，研究结果显示，有机碳仅在 NT 处理 0～10 cm 土层（0～10 cm 下为 14.04 g/kg，10～20 cm 下为 6.70 g/kg）富集。我们推测，NT 限制了微生物对秸秆碳的接触（通过在表面留下大量秸秆残体）。NT 表层土壤中的碳固定主要是由于大量未被微生物利用的秸秆残留物的积累，以及大量未分解的秸秆残

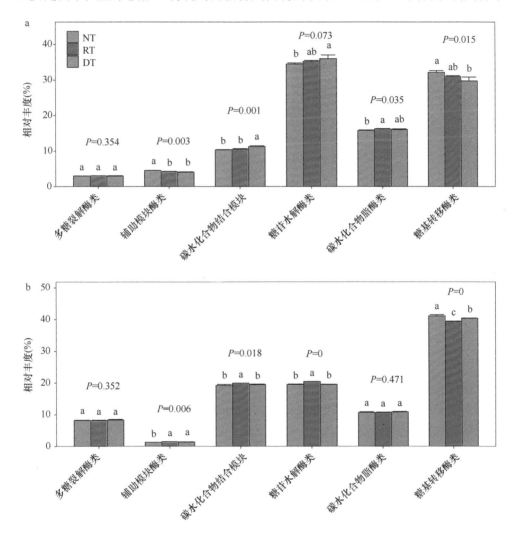

图 3-11　在不同耕作方法下碳水化合物活性酶数据库（CAZy）基因类别的变化

数值是平均值±标准差（*n*=3）。图中不同的字母表示通过邓肯多重比较检验的显著差异。a. 小麦季；b. 玉米季

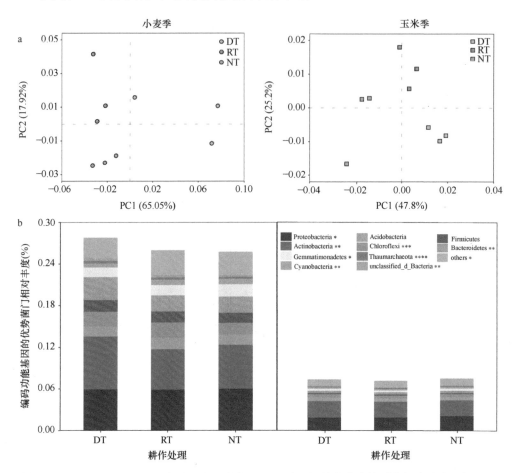

图 3-12　基于 Bary-Curtis 距离的门水平上与 CAZy 基因相关的微生物群落组成的主坐标分析（PCoA）（a），以及与 CBM 相关基因相关的优势细菌门的相对丰度（注释基因的>1%代表的代谢途径）（b）

留在土壤表面。这可能是大多数研究结果表明免耕增加 SOC 的原因。在 DT 处理中，由于土壤与秸秆之间的接触更好，更多的碳被微生物分解代谢。然后，一些秸秆碳变成微生物残体碳，其中一些通过微生物呼吸以二氧化碳的形式释放到空气中。微生物残体、分泌物和代谢产物是稳定 SOC 的前体，其主要源于土壤中秸秆残留物的逐步分解（Xie et al.，2011）。它们促进了土壤有机质的可持续转化，并为耕地中的农作物提供了养分（Gougoulias et al.，2014；Kirkby et al.，2020；Jansson and Hofmockel，2020）。这些养分极大地丰富了土壤易于使用的养分库（Liang et al.，2019）。在农田中，吸收土壤养分的小麦和玉米的根不局限于土壤耕层，尤其是在生长的后期。因此，我们认为集约化生产条件下大量秸秆被施用到田间时，DT 比 NT 具有更大和更持续的 SOC 固定潜力。

微生物本身的变化是养分循环变化的驱动力，观察到的土壤微生物学变化与土壤系统养分动态变化有关。但是，我们的研究未考虑相关的生物学过程。此外，宏基因组学方法偏向于编码基因的丰富性，基因的丰度与基因表达并不可靠相关。因此，需要进一步的研究来结合转录组学和蛋白质组学方法，以更好和更准确地针对 SOC 循环的特定过程开展研究，此过程有助于更好地了解不同耕作方法下的 SOC 固定机制。

宏基因组学方法已广泛应用于农田土壤微生物测定，本节研究目的是阐明耕作方式对微生物群落功能遗传特征的影响。研究结果显示，与免耕相比，深耕中观察到与碳循环有关的真菌和功能基因的丰度更高。该研究结果说明，耕作方式影响微生物群落的 SOC 固定潜力。由于真菌群落、碳水化合物代谢基因和碳水化合物结合模块基因的相对丰度增加，深耕是提高秸秆降解能力和 SOC 固定潜力的有效农业措施。相反，免耕会降低秸秆降解的潜在能力，因为免耕降低了真菌和碳水化合物结合模块基因的相对丰度。我们认为深耕处理的土壤碳固定机制在农业生产中更具可持续性。农田微生物的固碳潜力对指导农田管理措施具有重要意义，尚需更多的试验来阐明该地区不同耕作方式的固碳机理。

参 考 文 献

陈丹梅, 袁玲, 黄建国, 等. 2017. 长期施肥对南方典型水稻土养分含量及真菌群落的影响. 作物学报, 43(2): 286-295.

董印丽, 李振峰, 王若伦, 等. 2018. 华北地区小麦、玉米两季秸秆还田存在问题及对策研究. 中国土壤与肥料, (1): 159-163.

郭梨锦. 2018. 免耕与稻秆还田对稻麦种植系统土壤有机碳库与微生物多样性的影响. 武汉: 华中农业大学博士学位论文.

郭梨锦, 曹凑贵, 张枝盛, 等. 2013. 耕作方式和秸秆还田对稻田表层土壤微生物群落的短期影响. 农业环境科学学报, 32(8): 1577-1584.

李秀璋. 2017. 醉马草内生真菌与宿主种带真菌、根际微生物的互作及其进化研究. 兰州: 兰州大学博士学位论文.

聂三安, 王祎, 雷秀美, 等. 2018. 黄泥田土壤真菌群落结构和功能类群组成对施肥的响应. 应用生态学报, 29(8): 2721-2729.

孙冰洁, 贾淑霞, 张晓平, 等. 2015. 耕作方式对黑土表层土壤微生物生物量碳的影响. 应用生态学报, 26(1): 101-107.

王慧颖, 徐明岗, 周宝库, 等. 2018. 黑土细菌及真菌群落对长期施肥响应的差异及其驱动因素. 中国农业科学, 51(5): 914-925.

杨学明, 张晓平, 方华军, 等. 2004. 北美保护性耕作及对中国的意义. 应用生态学报, 2(15): 335-340.

姚晓东, 王娓, 曾辉. 2016. 磷脂脂肪酸法在土壤微生物群落分析中的应用. 微生物学通报, 43(9): 2086-2095.

张焕军. 2013. 长期施肥对潮土微生物群落结构和有机碳转化与累积的影响. 南京: 中国科学院南京土壤研究所博士学位论文.

张经廷, 张丽华, 吕丽华, 等. 2018. 还田作物秸秆腐解及其养分释放特征概述. 核农学报, 32(11): 2274-2280.

张雨, 王晓燕, 张鑫宇, 等. 2019. CBM 的结构、应用及与多糖的相互作用研究进展. 纤维素科学与技术, 27(2): 66-73.

Altschul S F, Madden T L, Schaffer A A, et al. 1997. Gapped BLAST and PSI-BLAST: A new generation of protein database search programs. Nucleic Acids Research, 25(17): 3389-3402.

Ananyeva N D, Susyan E A, Chernova O V, et al. 2006. The ratio of fungi and bacteria in the biomass of different types of soil determined by selective inhibition. Microbiology, 75(6): 702-707.

Anderson C, Beare M, Buckley H L, et al. 2017. Bacterial and fungal communities respond differently to varying tillage depth in agricultural soils. Peer J, 5: e3930.

Azooz R H, Arshad M A, Franzluebbers A J. 1996. Pore size distribution and hydraulic conductivity affected by tillage in northwestern Canada. Soil Science Society of America Journal, 60(4): 1197-1201.

Caporaso J G, Kuczynski J, Stombaugh J, et al. 2010. QIIME allows analysis of high-throughput community sequencing data. Nature Methods, 7(5): 335-336.

Catherine L, Rob K. 2005. UniFrac: a new phylogenetic method for comparing microbial communities. Applied and Environmental Microbiology, 71(12): 8228-8235.

Ceja-Navarro J A, Rivera-Ordu A F N, Pati O, et al. 2010. Phylogenetic and multivariate analyses to determine the effects of different tillage and residue management practices on soil bacterial communities. Applied and Environment Microbiology, 76(11): 3685-3691.

Chang H, Haudenshield J S, Bowen C R, et al. 2017. Metagenome-wide association study and machine learning prediction of bulk soil microbiome and crop productivity. Frontiers in Microbiology, 8: 519.

Chen X, Hu Y, Feng S, et al. 2018. Lignin and cellulose dynamics with straw incorporation in two contrasting cropping soils. Scientific Reports, 8(1): 1-10.

De'Ath G. 2002. Multivariate Regression trees: a new technique for modeling species–environment relationships. Ecology, 83(4): 1105-1117.

Edgar R C. 2013. Uparse: highly accurate OTU sequences from microbial amplicon reads. Nature Methods, 10(10): 996-998.

Essel E, Li L, Deng C, et al. 2018. Evaluation of bacterial and fungal diversity in a long-term spring wheat-field pea rotation field under different tillage practices. Canadian Journal Soil Science, 98(4): 619-637.

Fierer N, Barberán A, Laughlin D C. 2014. Seeing the forest for the genes: Using metagenomics to infer the aggregated traits of microbial communities. Frontiers in Microbiology, 5: 614.

Fierer N, Leff J W, Adams B J, et al. 2012. Cross-biome metagenomic analyses of soil microbial communities and their functional attributes. Proceedings of the National Academy of Sciences of the United States of America, 109(52): 21390-21395.

Fu L, Niu B, Zhu Z, et al. 2012. CD-HIT: Accelerated for clustering the next-generation sequencing data. Bioinformatics, 28(23): 3150-3152.

Gougoulias C, Clark J M, Shaw L J. 2014. The role of soil microbes in the global carbon cycle: Tracking the below-ground microbial processing of plant-derived carbon for manipulating carbon dynamics in agricultural systems. Journal of the Science of Food and Agriculture, 94(12): 2362-2371.

Helgason B L, Walley F L, Germida J J. 2009. Fungal and bacterial abundance in long-term no-till and intensive-till soils of the northern great plains. Soil Science Society of America Journal, 73(1): 120-127.

Jansson K J, Hofmockel K S. 2020. Soil microbiomes and climate change. Nature Reviews Microbiology, 18: 35-46.

Jensen L J, Julien P, Kuhn M, et al. 2007. eggNOG: Automated construction and annotation of orthologous groups of genes. Nucleic Acids Research, 36: D250-D254.

Kirkby E, Kirkegaard J A, Strong M, et al. 2020. Microorganisms and nutrient stoichiometry as mediators of soil organic matter dynamics. Nutrient Cycling in Agroecosystems, 117: 273-298.

Kölbl A, Kögel-Knabner I. 2004. Content and composition of free and occluded particulate organic matter in a differently textured arable Cambisol as revealed by solid-state ^{13}C NMR spectroscopy. Journal of Plant Nutrition and Soil Science, 167(1): 45-53.

Kolmeder C A, Ritari J, Verdam F J, et al. 2015. Colonic metaproteomic signatures of active bacteria and the host in obesity. Proteomics, 15(20): 3544-3552.

Lauber C L, Strickland M S, Bradford M A, et al. 2008. The influence of soil properties on the structure of bacterial and fungal communities across land-use types. Soil Biology & Biochemistry, 40(9): 2407-2415.

Li D, Liu C, Luo R, et al. 2015. MEGAHIT: An ultra-fast single-node solution for large and complex metagenomics assembly via succinct de Bruijn graph. Bioinformatics, 31(10): 1674-1676.

Li Y, Li Z, Cui S, et al. 2021. Microbial-derived carbon components are critical for enhancing soil organic carbon in no-tillage croplands: a global perspective. Soil & Tillage Research, 205: 104758.

Liang C, Amelung W, Lehmann J, et al. 2019. Quantitative assessment of microbial necromass contribution to soil organic matter. Global Change Biology, 25: 3578-3590.

Lijbert B. 2012. Soil Ecology and Ecosystem Services. Oxford: Oxford University Press: 45-58.

Liu X, Herbert S J, Hashemi A M, et al. 2006. Effects of agricultural management on soil organic matter and carbon transformation: a review. Plant Soil and Environment, 52(12): 531-543.

Lombard V, Golaconda Ramulu H, Drula E, et al. 2013. The carbohydrate-active enzymes database (CAZy) in 2013. Nucleic Acids Research, 42(D1): D490-D495.

Malik A A, Chowdhury S, Schlager V, et al. 2016. Soil fungal: Bacterial ratios are linked to altered carbon cycling. Frontiers in Microbiology, 7: 1247.

Manoharan L, Kushwaha S K, Ahrén D, et al. 2017. Agricultural land use determines functional genetic diversity of soil microbial communities. Soil Biology & Biochemistry, 115: 423-432.

Mao X, Cai T, Olyarchuk J G, et al. 2005. Automated genome annotation and pathway identification using the KEGG Orthology (KO) as a controlled vocabulary. Bioinformatics, 21(19): 3787-3793.

Nguyen N H, Song Z, Bates S T, et al. 2015. Funguild: an open annotation tool for parsing fungal community datasets by ecological guild. Fungal Ecology, 20: 241-248.

Noguchi H, Park J, Takagi T. 2006. MetaGene: Prokaryotic gene finding from environmental genome shotgun sequences. Nucleic Acids Research, 34(19): 5623-5630.

Nthony M A, Frey S D, Stinson K A. 2017. Fungal community homogenization, shift in dominant trophic guild, and appearance of novel taxa with biotic invasion. Ecosphere, 8(9): 1-17.

Pastorelli R, Vignozzi N, Landi S, et al. 2013. Consequences on macroporosity and bacterial diversity of adopting a no-tillage farming system in a clayish soil of Central Italy. Soil Biology & Biochemistry, 66: 78-93.

Peng Y, Leung H C M, Yiu S M, et al. 2012. IDBA-UD: a *de novo* assembler for single-cell and metagenomic sequencing data with highly uneven depth. Bioinformatics, 28(11): 1420-1428.

Quast C, Pruesse E, Yilmaz P, et al. 2013. The silva ribosomal RNA gene database project: improved data processing and web-based tools. Nucleic Acids Research, 41(1): 590-596.

Raaijmakers J M, Paulitz T C, Steinberg C, et al. 2009. The rhizosphere: A playground and battlefield for soilborne pathogens and beneficial microorganisms. Plant and Soil, 321: 341-361.

Robertson S A, Mason S L, Hack E, et al. 2008. A comparison of lignin oxidation, enzymatic activity and fungal growth during white-rot decay of wheat straw. Organic Geochemistry, 39(8): 945-951.

Rousk J, Bååth E, Brookes P C, et al. 2010. Soil bacterial and fungal communities across a pH gradient in an arable soil. The ISME Journal, 4(10): 1340-1351.

Schloss P D, Gevers D, Westcott S L. 2011. Reducing the effects of PCR amplification and sequencing artifacts on 16S rRNA-based studies. PLOS ONE, 6(12): 1-14.

Sengupta A, Dick W A. 2015. Bacterial community diversity in soil under two tillage practices as determined by pyrosequencing. Microbial Ecology, 70(3): 853-859.

Sharpton T J. 2014. An introduction to the analysis of shotgun metagenomic data. Frontiers in Plant Science, 5: 209.

Six J, Frey S D, Thiet R K. 2006. Bacterial and fungal contributions to carbon sequestration in agroecosystems. Soil Science Society of America Journal, 70(2): 555-569.

Strickland M S, Rousk J. 2010. Considering fungal: bacterial dominance in soils – Methods, controls, and ecosystem implications. Soil Biology & Biochemistry, 42(9): 1385-1395.

Sun B J, Jia S X, Zhang S X, et al. 2016. Tillage, seasonal and depths effects on soil microbial properties in black soil of Northeast China. Soil & Tillage Research, 155: 421-428.

Větrovský T, Steffen K T, Baldrian P. 2014. Potential of cometabolic transformation of polysaccharides and lignin in lignocellulose by soil Actinobacteria. PLOS ONE, 9(2): e89108.

Wang C, Dong D, Wang H, et al. 2016c. Metagenomic analysis of microbial consortia enriched from compost: New insights into the role of Actinobacteria in lignocellulose decomposition. Biotechnology for Biofuels, 9(1): 22.

Wang J, Rhodes G, Huang Q, et al. 2018. Plant growth stages and fertilization regimes drive soil fungal community compositions in a wheat-rice rotation system. Biology and Fertility of Soils, 54(6): 731-742.

Wang Q, Garrity G M, Tiedje J M, et al. 2007. Naive bayesian classifier for rapid assignment of rrna sequences into the new bacterial taxonomy. Applied and Environmental Microbiology, 73(16): 5261-5267.

Wang Z, Chen Q, Liu L, et al. 2016a. Responses of soil fungi to 5-year conservation tillage treatments in the drylands of northern China. Applied Soil Ecology, 101: 132-140.

Wang Z, Liu L, Chen Q, et al. 2016b. Conservation tillage increases soil bacterial diversity in the dryland of northern China. Agronomy for Sustainable Development, 36(2): 1-9.

Wen Y, Freeman B, Ma Q, et al. 2020. Raising the groundwater table in the non-growing season can reduce greenhouse gas emissions and maintain crop productivity in cultivated fen peats. Journal of Cleaner Production, 262: 121179.

Wen Y, Zang H, Freeman B, et al. 2019. Microbial utilization of low molecular weight organic carbon substrates in cultivated peats in response to warming and soil degradation. Soil Biology & Biochemistry, 139: 107629.

Xie C, Mao X, Huang J, et al. 2011. KOBAS 2.0: A web server for annotation and identification of enriched pathways and diseases. Nucleic Acids Research, 39: W316-W322.

Xun W, Zhao J, Xue C, et al. 2016. Significant alteration of soil bacterial communities and organic carbon decomposition by different long-term fertilization management conditions of extremely low-productivity arable soil in South China. Environmental Microbiology, 18(6): 1907-1917.

Yang Y, Gao Y, Wang S, et al. 2014. The microbial gene diversity along an elevation gradient of the Tibetan grassland. The ISME Journal, 8(2): 430-440.

Zhang W, Sun J, Cao H, et al. 2016. Post-translational modifications are enriched within protein functional groups important to bacterial adaptation within a deep-sea hydrothermal vent environment. Microbiome, 4(1): 49.

第4章 优化秸秆还田方式协同提高小麦—玉米周年产量与生态效益

4.1 秸秆减量还田提高籽粒产量、土壤碳固持及生态效益

鉴于秸秆禁烧政策的干预和秸秆还田对作物增产和土壤有机质含量提升的贡献,秸秆还田被广泛应用(Zhao et al.,2018;Liu et al.,2022)。近十九年来,黄淮海地区小麦—玉米一年两熟轮作种植制度下作物秸秆普遍全量还田,促进了土壤有机质含量和作物产量的提升(Tao et al.,2019)。但是,长期的秸秆全量还田可能会超出土壤的腐殖能力,造成秸秆利用率低,尤其是小麦—玉米一年两熟集约化高产种植体系中。此外,大田实际生产中普遍的小麦、玉米秸秆全还田一定程度上导致了土壤 C/N 失调,不利于土壤健康和氮肥高效(Fang et al.,2018)。这种情形下,继续向土壤中投入大量的碳不但不会进一步提高土壤固碳速率,还会促进土壤原有有机碳的降解和 CO_2 排放。同时,秸秆饲料化需求随着畜牧业的发展日益增大,秸秆拾取打捆收获机械的投入使用降低了秸秆收获作业难度和成本,促进了农田生产的经济效益提升。因此,优化秸秆管理,平衡秸秆还田和饲料化利用对实现小麦—玉米一年两熟集约化种植系统的碳效率和经济效益提升意义重大。

基于黄淮海地区秸秆养分含量和肥料化利用率的研究表明,该区域每年通过秸秆还田投入到农田中的碳和氮量分别约为 3046.0 万 t 和 45.6 万 t(王金洲等,2016;宋大利等,2018;牛新胜和巨晓棠,2017)。秸秆本身的 C/N 较高,还田后的腐解过程一定程度上与作物吸收竞争土壤有效氮素,不利于作物生长(Wild et al.,2019)。相关研究通过优化施氮、调节农田碳氮投入比,实现了作物增产、增效(王新媛等,2021;Gao et al.,2020)。此外,高 C/N 的秸秆投入农田后,前期吸附、固定促进土壤中铵态氮的积累,减少矿质氮淋溶和 N_2O 等气态氮损失,后期矿化等过程释放氮素供作物生长吸收,进而提高氮肥的利用效率(柴如山等,2019;麦逸辰等,2021;朱浩宇等,2020)。也有研究表明秸秆还田与氮肥配施调控 C/N 驱动微生物群落变化,进而促进农田碳氮效益提升(Guo et al.,2021)。适量减少秸秆还田是降低农田碳氮投入比和土壤固碳减排的有效措施(Liu et al.,2019)。

目前,秸秆还田的研究多报道了秸秆种类、还田方式以及还田深度对土壤碳

固存和作物产量的影响，少有研究关注秸秆还田量和农田碳氮投入比对作物产量和农田碳、氮效率的影响。本节基于连续 3 年的秸秆定位还田试验，系统分析了黄淮海地区小麦—玉米一年两熟集约化种植系统不同秸秆管理方式下农田碳、氮投入量及其投入比对作物产量、碳氮利用效率和经济效益的影响，以期为促进集约化种植系统减投、增效、创收提供理论和生产指导。

本研究涉及的大田试验于 2012～2017 年在山东省泰安市岱岳区大汶口镇（35°58′N，117°5′E）进行。试验田地处黄淮海平原，冬小麦—夏玉米一年两熟种植制度是本区域主要的种植制度。本区域光温资源丰富，年总辐射为 4605～5860 MJ/m^2，0℃以上积温为 4200～5000℃，无霜期超过 180 天。田间观测小麦生育期平均气温 8.26～10.74℃，总降水量 86.1～209.9 mm，玉米生育期平均气温 23.07～25.33℃，总降水量 399.3～486.3 mm。土壤类型为潮土，0～20 cm 土层土壤的理化性状见表 4-1。大田试验设置 5 种秸秆管理方式：①小麦、玉米季秸秆均不还田（C0）；②小麦、玉米季秸秆均 25%还田+75%收获（C25）；③小麦、玉米季秸秆均 50%还田+50%收获（C50）；④小麦、玉米季秸秆均 75%还田+25%收获（C75）；⑤小麦、玉米季秸秆均全还田（C100）。各小区大小为 200 m^2（10 m×20 m），周围均设有 2 m 宽的隔离带，3 次重复。采用机械收获各处理的小麦籽粒和玉米穗，随后用拾取打捆机按照各处理的设置对部分秸秆进行收获。收获秸秆均作为饲料出售以获取经济收入。玉米播种前仅进行灭茬，小麦秸秆粉碎后覆盖还田；小麦播种前进行灭茬、旋耕，玉米秸秆还田深度约 15 cm。选择本区域种植面积最大的小麦品种（济麦 22）和玉米品种（郑单 958）为供试品种。冬小麦 10 月中旬播种，行距 20 cm，播种量为 180 kg/hm^2；夏玉米 6 月中旬播种，行距 60 cm，种植密度为 75 000 株/hm^2。小麦和玉米播种前施用氮肥、过磷酸钙和硫酸钾等基肥，施用量分别为 90 kg N/hm^2、150 kg P$_2$O$_5$/hm^2 和 150 kg K$_2$O/hm^2；小麦拔节期和玉米大喇叭口期分别沟施尿素 135 kg N/hm^2。小麦季灌水 180 mm，播种后、拔节期和开花期分别灌水 60 mm；玉米季仅在播种后灌水 60 mm。作物生长期间统一控制田

表 4-1　大田定位试验田开展试验前 0～20 cm 土层的土壤理化性状

物理性状		化学性状	
砂粒（%）	37	有机碳（g/kg）	13.30
粉粒（%）	44	全氮（g/kg）	0.82
黏粒（%）	19	全钾（g/kg）	2.79
容重（g/cm^3）	1.32	全磷（g/kg）	8.98
pH	7.02	有效磷（P$_2$O$_5$）（mg/kg）	27.48
总孔隙度（%）	50.37	有效钾（K$_2$O）（mg/kg）	129.70
毛管孔隙度（%）	33.46		

间病虫害和杂草，各处理的田间管理均保持一致。采用 Microsoft Excel 2016 进行数据处理，采用 SPSS 20.0 统计软件进行统计分析，采用邓肯多重范围检验（Duncan's multiple-range test）（$P<0.05$）进行显著性差异检验。

4.1.1 小麦、玉米生物量和秸秆碳氮投入量

4.1.1.1 秸秆碳氮投入量的计算

大田试验所有处理的作物留茬和氮素管理一致。秸秆还田量的差异主要导致了不同处理碳投入量的差异。因此，碳氮投入的计算公式为

$$C_{input} = B_{residue} \times R_{straw} \times C_{crop} \times R_{treatment}$$

式中，C_{input} 是秸秆碳投入量（t C/hm²）；$B_{residue}$ 是作物残体的生物量（t C/hm²），包括残茬和秸秆；R_{straw} 是秸秆在 $B_{residue}$ 中的占比（%），小麦和玉米分别为 74% 和 97%（Wang et al.，2015）；C_{crop} 是作物植株的含碳量（t C/t）；$R_{treatment}$ 是秸秆总量的还田比例（%）。

$$N_{input} = B_{plant} \times R_{straw} \times N_{crop} \times R_{treatment}$$

式中，N_{input} 是秸秆氮投入量（t N/hm²）；B_{plant} 是植株生物量（t/hm²）；N_{crop} 是植株氮含量（t N/t）。

4.1.1.2 还田量对秸秆碳氮投入量的影响

秸秆还田促进了小麦—玉米一年两熟农田作物生产力提升（图 4-1a）。小麦和玉米秸秆均 50% 还田最多可使小麦和玉米地上部生物量提高 12.34% 和 14.93%（$P<0.05$）。其周年地上部生物量最大为 39.50 t/hm²，较秸秆全还田和全不还田分别提高 11.09% 和 12.74%。

秸秆碳、氮投入量均随着还田量的减少而显著降低（图 4-1b 和 c）。小麦和玉米秸秆全还田下，小麦和玉米秸秆碳的投入量分别为 2.01 t C/hm² 和 5.03 t C/hm²，氮投入量分别为 32.72 kg N/hm² 和 104.41 kg N/hm²。小麦—玉米一年两熟轮作系统中，玉米秸秆对农田碳氮投入的贡献显著大于小麦秸秆。从秸秆全还田到全不还田，每减少 25 个百分点的秸秆还田量，来自作物秸秆的碳和氮年均投入分别减少 1.76 t C/hm² 和 34.28 kg N/hm²（图 4-1d）。

4.1.2 小麦、玉米籽粒产量及其碳氮收获

4.1.2.1 碳氮收获量的计算

籽粒收获是目前小麦—玉米周年生产的主要目的，籽粒碳（$C_{harvest}$，t C/hm²）

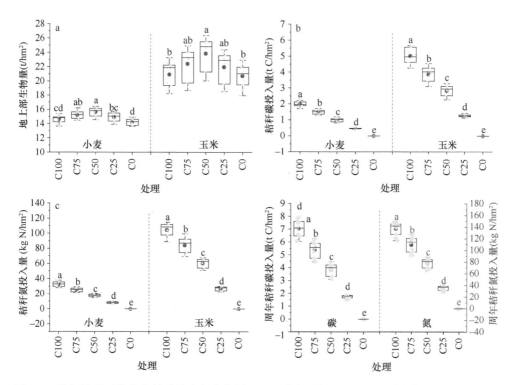

图 4-1　秸秆管理对作物生长季地上部生物量（a）、秸秆碳投入量（b）、秸秆氮投入量（c）以及周年秸秆碳氮投入量（d）的影响

箱线图显示四分位范围（25%～75%）。浅灰色点和红点分别表示观测结果和平均值。字母相同的箱线图之间差异不显著，字母不同的箱线图差异显著（$P<0.05$）

和氮（$N_{harvest}$，t N/hm^2）收获量的计算公式分别为

$$C_{harvest}= Y_{grain} \times C_{grain}$$
$$N_{harvest} = Y_{grain} \times N_{grain}$$

式中，Y_{grain}（t C/hm^2）是作物籽粒产量。C_{grain}（t C/t）和 N_{grain}（t N/t）分别是作物籽粒的碳和氮含量。

4.1.2.2　还田量对籽粒产量和籽粒碳氮收获的影响

秸秆还田对作物的影响途径复杂交互，主要是因为秸秆还田对作物产量的影响。作物籽粒产量随着秸秆还田量的降低先增加后降低（图 4-2a）。小麦和玉米秸秆均 50% 还田能够获得最高的小麦和玉米籽粒产量，分别为 8.91 t/hm^2 和 10.73 t/hm^2，小麦—玉米周年的籽粒总产量较秸秆全量还田和不还田分别显著增加了 14.98% 和 15.68%。周年籽粒产量与秸秆碳投入量符合二次方程 $y = -0.16x^2 + 1.19x + 16.91$（$P<0.01$）（图 4-2b）。周年秸秆碳投入量为 3.86 t C/hm^2 能够获得最大籽粒产量。

籽粒碳和氮收获也随着秸秆碳投入量的减少呈先增加后降低的趋势（图 4-2c，图 4-2d）。小麦和玉米秸秆均 50% 还田处理的秸秆碳投入量为 3.82 t C/hm²，籽粒碳和氮的收获量分别为 9.31 t C/hm² 和 380 kg N/hm²。曲线拟合分析秸秆碳投入量和籽粒碳氮收获量，秸秆碳投入量分别为 4.07 t C/hm² 和 3.96 t C/hm² 能够有最大的籽粒碳和氮收获。

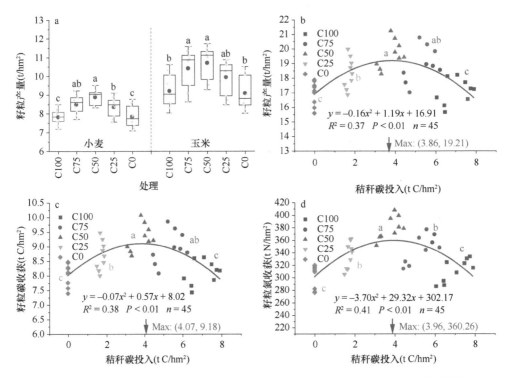

图 4-2　秸秆管理对作物籽粒产量（a），以及秸秆碳投入对籽粒产量（b）、年籽粒碳收获（c）和年籽粒氮收获（d）的影响

箱形图显示四分位数范围（25%～75%）。浅灰色点和红点分别表示观测结果和平均值。字母相同的箱线图之间差异不显著，字母不同的箱线图差异显著（$P<0.05$）。红线是二次回归线。不含有相同小写字母表示差异显著（$P<0.05$）。括号中的数字表示最大值的坐标

4.1.3　小麦—玉米周年农田土壤碳氮固存

4.1.3.1　土壤碳和氮固存的计算

SOC 含量（C_{amount}，t C/hm²）和 SOC 固存率 [C_{rate}，t C/（hm²·a）] 的计算公式为

$$C_{amount}=C_{content}\times BD\times H\times 0.1$$

式中，$C_{content}$ 是 SOC 含量（g/kg）；BD 是土壤容重（g/cm³）；H 是土层厚度（cm）；

0.1 是单位转换系数。

$$C_{rate} = C_{amount} - C'_{amount}$$

式中，C'_{amount} 是前一年 SOC 含量（t C/hm²）。

土壤全氮量和固存率的计算参考有机碳的计算方法。

4.1.3.2　还田量对土壤碳和氮固存的影响

农田土壤具有较大的固碳潜力，土壤固碳速率随着秸秆碳投入量的增加增大（$y = -0.01x^2 + 0.31x - 0.56$，$P<0.01$）（图 4-3）。秸秆不还田条件下（C0 处理），农田每年有接近 0.51 t C/hm² 的有机碳矿化分解，不仅不利于农田土壤肥力维持，还增加了农田温室气体排放。而农田土壤固碳速率为零的秸秆碳投入量为 1.97 t C/hm²，意味着此秸秆碳投入量能够维持农田土壤碳相对平衡。从小麦和玉米秸秆均 50%还田到均全还田，年秸秆碳投入量增加 1.68 t C/hm²，而土壤固碳速率仅增加 0.04 t C/（hm²·a）。其中，小麦和玉米秸秆均 75%还田处理下秸秆碳投入量为 5.36 t C/hm²，土壤固碳速率为 0.82 t C/（hm²·a），继续增加秸秆碳投入量不再显著促进土壤碳固存。这是由于大量的新鲜碳超过了土壤的腐殖能力。过量的新鲜的碳投入甚至可能激发或加剧原有土壤有机碳分解（Luo et al., 2016）。土壤固氮速率与秸秆碳投入量呈线性正相关，拟合线性方程为：$y = 0.04x - 0.06$（$R^2 = 0.81$）。当前施氮水平下（225 kg N/hm²），秸秆碳投入量为 1.74 t C/hm² 能够维持农田土壤氮相对平衡。

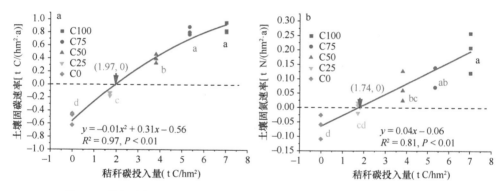

图 4-3　秸秆碳投入量对土壤固碳速率（a）和土壤固氮速率（b）的影响

红色实线是回归线。不含有相同小写字母表示差异显著（$P<0.05$）。括号内的数字表示平衡点的坐标

小麦—玉米一年两熟种植制度下每年作物光合作用固定到秸秆中的碳达到 7.04 t C/（hm²·a）。考虑到农田每年有接近 0.51 t C/hm² 的有机碳矿化分解，秸秆全量还田下土壤年固碳量平均为 0.86 t C/hm²，意味着仅有 19.46%的秸秆碳固定到了土壤中。小麦和玉米秸秆还田量从 25%增加到 75%，土壤年固碳量占秸秆碳投入量的比例从 23.82%增加到 24.81%。因此，从土壤碳氮固存和秸秆利用效率

方面考虑，小麦—玉米一年两熟种植制度下小麦和玉米秸秆均 50%～75%还田是较为理想的秸秆还田量。

4.1.4　小麦—玉米周年农田系统 CO_2 和 N_2O 排放

减少秸秆还田量降低了小麦和玉米生长季的农田 CO_2 和 N_2O 排放（图 4-4a，图 4-4b）。秸秆还田量每减少 25%，小麦生长季和玉米生长季的 CO_2 排放量分别平均减少 2.42 t/hm² 和 0.37 t/hm²。与秸秆全还田相比，秸秆不还田处理的小麦季和玉米季农田 N_2O 排放分别减少了 0.23 kg/hm² 和 1.68 kg/hm²。减少秸秆还田量对小麦季 CO_2 减排的贡献大于玉米生长季，而对玉米季 N_2O 减排的贡献大于小麦季。

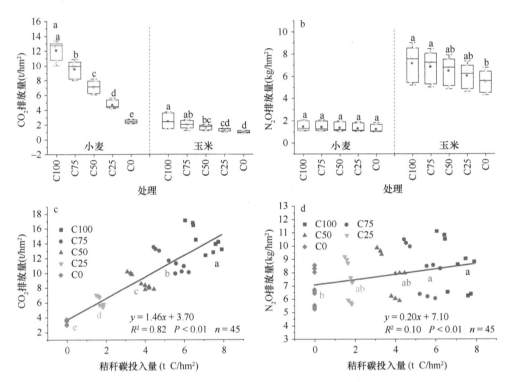

图 4-4　秸秆管理对作物生长季 CO_2（a）和 N_2O（b）排放量的影响，以及对全年 CO_2（c）和 N_2O（d）排放量的影响

箱线图显示四分位数范围（25%～75%）。浅灰色点和红点分别表示观测结果和平均值。字母相同的箱线图之间差异不显著，字母不同的箱线图差异显著（$P<0.05$）。红线是二次回归线，不含有相同小写字母表示差异显著（$P<0.05$）

秸秆全还田和全不还田处理的周年 CO_2 排放量分别为 14.64 t/hm² 和 3.47 t/hm²，减少周年秸秆碳投入量显著线性减少了农田 CO_2 排放（$y = 1.46x + 3.70$，$P<0.01$）。减少周年秸秆碳投入量也降低了不同处理农田 CO_2 排放重复和年

际间的变异（图 4-4c）。随着周年秸秆碳投入量的减少，农田 N_2O 排放较秸秆全还田处理分别减少 0.37 kg/hm²、0.43 kg/hm²、0.50 kg/hm² 和 0.61 kg/hm²（图 4-4d）。

4.1.5　小麦—玉米周年农田系统经济与环境效益

4.1.5.1　经济和环境效益的计算

本研究参考 ISO/TS14067 的碳足迹核算标准，计算了小麦—玉米周年生产的碳足迹（CF，t CO_2-eq/hm²）。CF 定义为小麦—玉米周年生产过程中整个生命周期产生的温室气体总排放量。生产中农资投入和运输所产生的碳排放也被考虑在内，如表 4-2 所示。本研究测定了土壤 N_2O 的直接排放，估算了氮挥发和淋滤的间接排放。同时，也考虑了各生长季的土壤有机碳变化。SOC 含量增大能够抵消部分温室气体排放，反之亦然。本研究没有考虑 CH_4 的排放，因为它对旱地作物生产中温室气体排放总量的贡献很小（Wang et al.，2014；He et al.，2019）。

表 4-2　农资投入和碳排放

项目	农资投入		碳排放系数	CO_2 排放量（t/hm²）
	小麦	玉米		
种子（kg/hm²）	172.50	22.50	小麦为 0.11 CO_2-eq kg/kg 玉米为 1.05 CO_2-eq kg/kg	0.04
磷肥（kg/hm²）	150.00	150.00	0.47 CO_2-eq kg/kg	0.14
钾肥（kg/hm²）	150.00	150.00	0.41 CO_2-eq kg/kg	0.12
尿素（kg/hm²）	225.00	225.00	2.04 CO_2-eq kg/kg	0.92
除草剂（kg/hm²）	6.82	7.85	3.90 CO_2-eq kg/kg	0.06
杀菌剂（kg/hm²）	3.51	4.85	5.10 CO_2-eq kg/kg	0.04
灌溉用电 [kg/（kW·h）]	250.20	83.40	0.92 CO_2-eq kg/（kW·h）	0.31
柴油（L/hm²）	145.00	104.50	2.63 CO_2-eq kg/L	0.66
人工（d/hm²）	15.20	15.20	0.92 CO_2-eq kg/d	0.03

注：数据来自生产中的实际记录

基于有机碳固存率和农资碳投入，周年 CF 的计算公式为

$$CF = E_{agricultural} + E_N - E_{sequestration}$$

$$E_N = (N_{direct} + EV_N + EL_N) \times 265$$

$$EV_N = N_{amount} + f_V + Ef_V \times 44/28$$

$$EL_N = N_{amount} + f_L + Ef_L \times 44/28$$

$$E_{sequestration} = C_{rate} \times 44/12$$

式中，$E_{agricultural}$ 是生产中农资投入产生的碳排放（t CO_2-eq/hm²）；E_N 是氮投入导

致的碳排放（t CO_2-eq/hm^2）；$E_{sequestration}$ 是土壤碳固存抵消的碳排放（t CO_2-eq/hm^2）；N_{direct} 是直接 N_2O 排放 [kg/（hm^2·a）]；EV_N 和 EL_N 分别是氮挥发和淋溶导致的间接氮排放 [kg/（hm^2·a）]。265 是以二氧化碳当量计算的 N_2O 排放量（IPCC，2014）；N_{amount} 是农田氮投入量 [kg N/（hm^2·a）]；f_V 和 f_L 分别是氮投入的挥发和淋溶系数，小麦和玉米的氮挥发系数分别为 23% 和 26%，淋溶系数分别为 14% 和 16%（Wang et al.，2014）；Ef_V 和 Ef_L 分别为氮挥发和淋溶导致 N_2O 排放的排放因子，分别为 0.01 和 0.0075，这些系数参考 Luo 等（2017）；44/28 是 N 转换成 N_2O 的系数；44/12 是 C 转换成 CO_2 的系数。

经济分析是根据农业生产的实际记录，对农业资源和人力成本、总收入及经济利润进行评估。小麦和玉米籽粒的单价分别为 2.44 元/kg 和 1.98 元/kg，秸秆单价分别为 370 元/t 和 390 元/t。计算公式为

$$P_{income} = P_{value} - P_{cost}$$

$$P_{value} = Y_{grain} \times P_{grain} + Y_{straw} \times P_{straw}$$

式中，P_{income} 是净经济收入（元/hm^2）；P_{value} 是总收入（元/hm^2）；P_{cost} 是农资和人工成本（元/hm^2），见表 4-3；P_{grain} 和 P_{straw} 分别是单位重量的籽粒和秸秆售价（元/t）；Y_{straw} 是收获饲用的秸秆量（t/hm^2）。

表 4-3　农田生产的成本　　　　　（单位：元/hm^2）

类型	小麦	玉米	周年
种子	1085.10	846.96	1932.06
肥料	3182.75	3182.75	6365.51
除草剂	548.70	548.70	1097.39
杀菌剂	314.76	314.76	629.52
灌溉	199.87	66.60	266.47
机械	3669.52	2920.63	6590.15
人工	439.34	438.88	878.22

注：数据来自生产中的实际记录

计算单位籽粒和净经济收入 CF 公式为

$$CF_{yield} = \frac{CF}{Y_{grain}} \times 1000$$

$$CF_{income} = \frac{CF}{P_{CFincome}} \times 1000$$

式中，CF_{yield} 是单位籽粒产量的碳排放（kg CO_2-eq/t）；Y_{grain} 是籽粒产量（t/hm^2）；CF_{income} 是单位净经济收入的碳排放（kg CO_2-eq/元）；1000 是 t 转化成 kg 的系数。

4.1.5.2　还田量对经济和环境效益的影响

农田碳足迹与秸秆碳投入量呈显著相关（$y = 0.04x^2 - 0.98x + 6.85$，$P<0.01$）。减少秸秆碳投入量最多能够降低 1.91 kg N/hm^2 的农田 N_2O 排放。秸秆均 75%还田到秸秆全不还田处理，减少秸秆碳投入量导致土壤碳固存抵消 N_2O 排放后的净温室气体排放量从 0.90 t CO_2-eq/hm^2 增加到了 3.90 t CO_2-eq/hm^2（图 4-5a）。同时，秸秆均 75%还田的单位产量的农田碳足迹为 128.25 kg CO_2-eq/t，仅为不还田和 25%还田处理的 63.40%和 35.80%，较全还田处理均没有显著差异（图 4-5c）。表明与当前小麦、玉米秸秆全量还田的秸秆管理策略相比，减少秸秆碳投入量不会显著增加农田碳足迹。这一结果为农田秸秆饲料化和农田生产经济增收提供了依据。

另外，通过分析不同秸秆碳投入量对土壤碳固存和 N_2O 排放的影响发现，秸秆全还田下土壤碳固存抵消 N_2O 排放后的农田净温室气体排放量为-0.58 t CO_2-eq/hm^2，较秸秆均 75%还田处理下的-0.52 t CO_2-eq/hm^2 没有显著差异。表明通过增加秸秆碳投入量提升土壤碳固存率能够抵消小麦—玉米一年两熟农田直接 N_2O 排放，但是过量的秸秆碳投入并没有产生额外收益。此外，秸秆 75%还田到秸秆全还田处理，增加秸秆碳投入量显著增加了农田 CO_2 排放。这进一步减弱了秸秆还田下土壤碳固存积极的环境效益，尽管这些排放可能来源于作物光合固定的大气 CO_2。

由于对肉类生产的重视，作物秸秆越来越多地饲用以获得额外的经济收入。农田净经济收入与秸秆碳投入量也呈显著线性相关（$y = -561.16x^2 + 4192.80x + 24\,627.50$，$P<0.01$）（图 4-5b）。秸秆 50%还田处理下净经济收入最高为 33 246.96 元/hm^2，较秸秆全还田和全不还田分别增加了 53.57%和 29.34%，但较秸秆 75%还田处理没有显著提升。秸秆 75%还田处理的单位净经济收入的农田碳足迹最小为 0.07 kg CO_2-eq/元，较秸秆全还田和全不还田分别减少了 32.54%和 71.47%（图 4-5d）。因此，在小麦—玉米系统中，50%小麦和玉米秸秆应收获饲用以增加经济收益，而不是为了土壤固碳而还田。

本研究结果表明，秸秆还田配合适当的施肥制度，一般可提高产量。但秸秆还田超过了土壤腐殖化能力，导致温室气体排放增加，秸秆完全收贮会导致土壤有机碳减少，对作物生长和产量产生负面影响。小麦—玉米一年两熟轮作制度中，至少 25%的秸秆还田可维持土壤碳氮的相对平衡，即碳固存≈碳损失，而秸秆还田 75%的土壤碳固存量最高，碳足迹最低。然而，要获得最高的收入，即更多的粮食产量和更多的牲畜饲料秸秆，同时受益于秸秆还田的环境结果（如有机碳封存、减少温室气体排放和碳足迹），50%的秸秆还田和 50%的秸秆收获饲用是最好的策略。

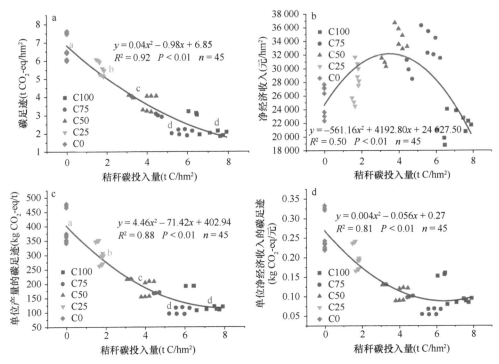

图 4-5　秸秆碳投入对碳足迹（a）、净经济收入（b）、单位产量的碳足迹（c）和单位净经济收入的碳足迹（d）的影响

红色实线为回归线。不同小写字母表示差异显著（$P<0.05$）

4.2　优化秸秆还田方式，提高土壤碳固持及碳效益

　　土壤有机质是农田肥力的基础与核心。作物秸秆作为农业生产中重要副产品之一，在小麦—玉米一年两熟种植区秸秆还田量接近秸秆总产量的一半，近年来生产量持续增大（Jin et al.，2020）。作物秸秆是农田土壤有机碳库的重要补充，秸秆还田因简单易行而在世界范围内得到大面积的推广应用。大量的秸秆投入显著改善土壤有机质状况，并促进了作物产量提高和温、热、水、肥等资源高效利用（Liu et al.，2014）。但是，秸秆还田对土壤有机碳的影响因秸秆种类和持续还田时间的不同而存在差异。小麦单作秸秆还田能够使土壤有机碳储量增加 13.7%，玉米秸秆持续 10 年还田较不还田可使土壤有机碳储量显著提高 52.5%。也有研究发现小麦、玉米等秸秆大量持续还田对土壤有机碳储量无显著影响，其原因可能是土壤有机碳储量已经达到相对饱和的状态（Buysse et al.，2013）。Liu 等（2014）通过荟萃分析研究表明，秸秆还田 12 年后土壤有机碳储量基本能达到饱和状态。土壤有机碳储量达到饱和状态后土壤中新形成的有机碳含量接近降解量，过量的

秸秆投入造成了大量的碳排放。

目前，生产中普遍实行作物秸秆全量还田。密集的秸秆投入增加了农田土壤碳投入，同时引起了激发效应和土壤有机质矿化速率改变，影响了土壤碳库，甚至增加了农田碳排放。大量的研究表明，相对过量的秸秆投入激活微生物活性并使微生物生物量增加，导致土壤有机质在微生物的作用下开始矿化而伴随碳激发和碳损失。因此，探究长期秸秆还田下土壤有机碳投入与输出的动态平衡将对优化秸秆还田技术和农田固碳减排具有宏观指导意义。相关研究也重点关注了作物秸秆还田对土壤碳固存和作物产量的影响，但多是基于短期试验。长期密集的秸秆投入对农田碳投入来说是否是奢侈的，是否加剧了农田碳损失，不利于碳高效？本节基于持续 8 年的秸秆定位还田试验，分析小麦—玉米农田秸秆密集还田和减少秸秆还田对农田碳投入、土壤碳固存、土壤碳损失、碳生产效率以及农田生产的经济和环境效益的影响，为实现小麦—玉米集约化农田固碳减排、高收益提供理论和生产指导。

本研究涉及的大田试验为始于 2012 年 10 月的小麦—玉米周年不同耕作方式长期定位试验，位于山东省农业科学院玉米研究所章丘龙山试验基地（36°43′N，117°32′E）。试验基地地处黄淮海平原地区，属于温带大陆性季风气候，雨热同期，年均降雨量 600.8 mm，年均气温 12.8℃，年均日照时数 2647.6 h，无霜期 209 d。试验地土壤类型为褐土，有机质含量为 14.81 g/kg，全氮为 0.85 g/kg，有效磷为 19.26 g/kg，有效钾为 46.37 g/kg，pH 为 7.64。冬小麦于每年的 10 月中旬播种，种植品种为济麦 22，宽幅精播（行距约 24 cm，幅宽约 8 cm），播量为 172.5 kg/hm²，次年 6 月上旬收获；夏玉米于每年 6 月中旬播种，种植品种为鲁单 9066，行距为 60 cm，种植密度为 75 000 株/hm²，当年 10 月上旬收获。播种方式均为小麦旋耕播种、玉米免耕贴茬直播，小麦播前旋耕 3 次（旋耕深度约 20 cm）。试验设计两种秸秆还田方式，分别为小麦和玉米秸秆双季还田（D）、仅小麦秸秆单季还田（S）。在这两种处理中，籽粒中所含的碳被认为是被收获的碳，而不是作为系统的碳损失。仅麦秆单季还田处理的玉米秸秆作为牲畜饲料出售以获得经济效益，因此不认为玉米秸秆中所含碳为系统的直接 C 损失。本研究不考虑淋溶和径流导致的间接碳损失。每个小区的大小为 810 m²（18 m×45 m），试验重复 3 次。双季还田处理的小麦和玉米籽粒均采用联合收获机收获，同时作物秸秆粉碎覆盖在地表。仅麦秆单季还田处理的小麦秸秆粉碎覆盖地表，玉米秸秆在籽粒收获后作为饲料收获。两种秸秆还田方式均在小麦播种前灭茬并进行旋耕，而在小麦收获后免耕直播玉米。田间作业流程如图 4-6 所示。所有处理的水、肥管理及病虫草害防控均与当地传统管理方式一致。小麦播后、拔节和开花期分别灌水 60 mm，玉米季仅播种后灌水 60 mm 以确保出苗，采用水表精确控制灌水量以保证两种秸秆还田方式的灌水一致。在小麦和玉米播种前均施用 600 kg/hm² 复合肥（N∶P₂O₅∶K₂O

为 17：17：17）作基肥，小麦拔节期和玉米大喇叭口期均追施尿素 225 kg/hm²，施肥后灌水以减少肥料挥发。

图 4-6　田间作业流程

4.2.1　小麦—玉米周年农田碳投入

4.2.1.1　作物碳投入量的计算

较 4.1.1.1 中的碳投入量计算，本节全面考虑了来源于作物秸秆、残茬、根系、根系分泌物和种子的碳投入（C_{input}，t/hm²），计算公式为

$$C_{input}=C_{straw}+C_{stubble}+C_{root}+C_{exudates}+C_{seed}$$

$$C_{straw}=B_{straw}\times C_{plant}$$

$$C_{stubble}=P_{stubble}\times B_{straw}\times C_{plant}$$

$$C_{root}=P_{root}\times B_{straw}\times C_{plant}$$

$$C_{seed}=S_{amount}\times C_{plant}$$

式中，C_{straw}、$C_{stubble}$、C_{root}、$C_{exudates}$ 和 C_{seed} 分别为作物秸秆、茬口、根系、根系分泌物和种子的 C 投入（t C/hm²）；B_{straw} 是作物秸秆生物量（t/hm²）；C_{plant} 是作物植株的 C 含量，小麦和玉米分别为 42.5% 和 44.4%（Zhang et al.，2010）；$P_{stubble}$ 是麦茬与秸秆生物量之比（%），小麦和玉米分别为 26% 和 3%（Wang et al.，2015）；P_{root} 是根与秸秆生物量之比（%），小麦和玉米分别为 24% 和 29%（Bolinder et al.，2007）；S_{amount} 是小麦或玉米播种量（t/hm²）；小麦和玉米根系分泌物的 C 投入量与其根系的 C 投入量相等（Bolinder et al.，1999）。

4.2.1.2　还田方式对农田碳投入的影响

在从 2013 年到 2020 年的 8 年期间，仅麦秆单季还田处理的年均累计作物碳投入量为 48.5 t C/hm²，比双季还田处理低 34.83%。仅麦秆单季还田处理的年均碳投入量为 6.07 t C/hm²，而双季还田处理的为 9.31 t C/hm²（图 4-7a，图 4-7b）。小麦—玉米周年的碳投入主要来自小麦和玉米的光合固碳。与作物固定的碳量相比，种子的碳投入量非常小（图 4-7c）。

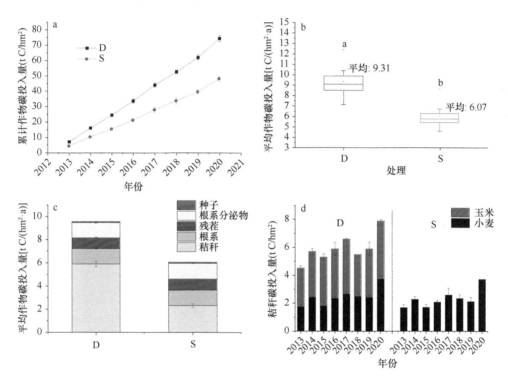

图 4-7　农田土壤作物碳投入
D 和 S 分别表示双季还田和仅麦秆单季还田。箱线图显示中值和四分位范围

两个处理年的平均根系、残茬、根系分泌物和种子的碳投入量分别为 3.04～3.09 t C/hm²、2.14～2.21 t C/hm²、3.04～3.09 t C/hm² 和 0.10 t C/hm²，处理间差异不显著（图 4-7c）。仅麦秆单季还田处理与双季还田处理的差异主要由于秸秆投入量的不同，年均秸秆碳投入量分别为 2.31 t C/hm² 和 5.90 t C/hm²（图 4-7d）。

4.2.2　小麦—玉米周年籽粒碳收获

籽粒碳收获的计算方法参照 4.1.2.1。双季秸秆还田与仅麦秆单季还田处理下 8 年平均籽粒产量分别为 14.95 t/（hm²·a）和 14.98 t/（hm²·a），没有显著差异（图

4-8）。与双季还田处理相比，仅麦秆单季还田处理降低了玉米秸秆还田量，从而减少了作物的土壤碳总投入量，玉米平均产量降低 4.08%，小麦平均产量提高 5.99%。两种秸秆还田方式处理的年均籽粒碳收获量差异不显著，分别为 6.25 t/（hm²·a）和 6.27 t/（hm²·a）（图 4-8）。与双季秸秆还田相比，仅麦秆单季还田处理的小麦籽粒碳收获量增加了 5.99%，玉米籽粒碳收获量减少了 5.20%，这主要是作物籽粒产量变化导致的。

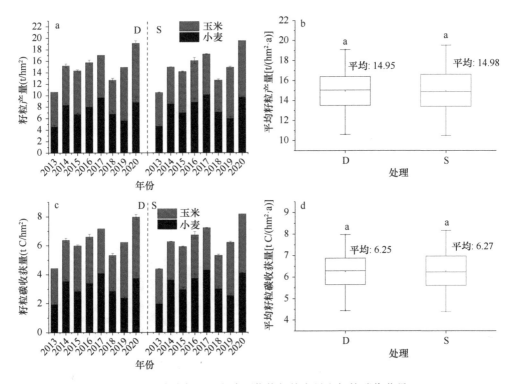

图 4-8　两种秸秆还田方式下作物籽粒产量和籽粒碳收获量
D 和 S 分别表示双季还田和仅麦秆单季还田。箱线图显示中值和四分位范围

4.2.3　小麦—玉米周年农田系统土壤碳固存

SOC 含量和固存率的计算参照 4.1.3.1。在 8 年的试验期内，两种秸秆还田方式均增加了 SOC 含量（图 4-9）。秸秆持续还田 8 年，仅麦秆单季还田和双季秸秆还田处理的 SOC 含量分别增加了 9.06 t C/hm² 和 9.57 t C/hm²。双季秸秆还田处理的秸秆还田量较仅麦秆单季还田增加一倍以上（108.32 t C/hm²），SOC 含量仅增加了 5.6%。

秸秆还田主要增加了 0～20 cm 和 20～40 cm 土层的 SOC 含量，而深层土壤的 SOC 含量变化不显著（图 4-10）。仅麦秆单季还田和双季秸秆还田处理 0～20 cm 土层 SOC 含量分别为 4.81 t C/hm² 和 5.31 t C/hm²，20～40 cm 土层 SOC 含量分别为 3.13 t C/hm² 和 3.19 t C/hm²。

20～40 cm 仅麦秆单季还田处理相较于双季秸秆还田处理碳累计投入量减少 25.95 t C/hm²，而 SOC 含量仅低了 0.71 t C/hm²（图 4-7a，图 4-9c）。仅麦秆单季还田处理 0～20 cm 土层 SOC 含量为 27.41 t C/hm²，与双季秸秆还田处理之间的差异不显著，仅减小了 1.77%（图 4-9a）。仅麦秆单季还田处理 0～40 cm 的 SOC 含量为 47.89 t C/hm²，较双季秸秆还田处理少 0.55 t C/hm²（图 4-9b）。

仅麦秆单季还田和双季秸秆还田处理的土壤有机碳固存率分别为 1.24 t C/（hm²·a）和 1.48 t C/（hm²·a）。2013～2020 年，双季秸秆还田处理的 0～100 cm 土壤有机碳固存率从 1.76 t C/（hm²·a）降低到了 1.20 t C/（hm²·a），而仅麦秆单季还田处理的有机碳固存率基本保持不变（图 4-9）。

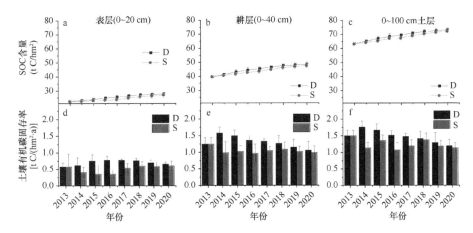

图 4-9　不同处理的土壤有机碳储量（a～c）和土壤有机碳固存率（d～f）
D 和 S 分别表示双季还田和仅麦秆单季还田

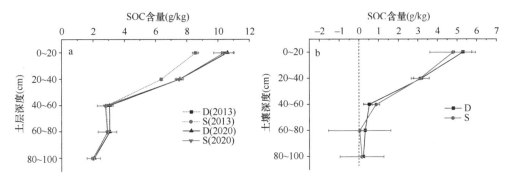

图 4-10　2013 年和 2020 年土壤有机碳含量（a）和 SOC 含量（b）
D 和 S 分别表示双季还田和仅麦秆单季还田

4.2.4 小麦—玉米周年农田系统碳损失

4.2.4.1 碳损失的计算

农田碳损失（C_{loss}，t C/hm²）的计算公式为

$$C_{loss}=C_{input}–C_{sequestration}–C_{harvest}$$

式中，C_{input} 是作物碳投入量（t C/hm²）；$C_{sequestration}$ 和 $C_{harvest}$ 分别是农田土壤碳固存量（t C/hm²）和作物籽粒碳收获量（t C/hm²）。

4.2.4.2 还田方式对农田系统碳损失的影响

双季秸秆还田处理的年均碳损失和累计碳损失量均显著高于仅麦秆单季还田处理（图 4-11）。双季秸秆还田处理的年均碳损失量为 1.86 t C/hm²，累计碳损失量随秸秆还田持续时间的增加而增加，8 年累计碳损失量达到 14.89 t C/hm²。这表明双季秸秆还田处理的土壤有机碳固存量和籽粒碳含量显著小于农田碳投入量。然而仅麦秆单季还田处理的碳损失量为负，意味着土壤有机碳固存量和籽粒碳含量的总和大于农田碳投入量。仅麦秆单季还田处理的平均籽粒碳收获量为 1.34 t C/hm²，持续 8 年的累计籽粒碳收获量为 10.71 t C/hm²。

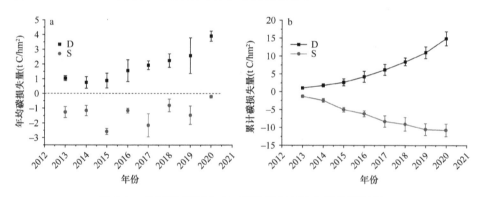

图 4-11 不同处理下小麦—玉米周年年均和累计碳平衡

D 和 S 分别表示双季还田和仅麦秆单季还田

4.2.5 小麦—玉米周年农田系统碳利用效率

4.2.5.1 碳利用效率的计算

利用单位碳投入量的籽粒产量（C_g，t/t）和单位碳投入量的土壤碳固存量（C_s，t/t）评估碳的利用效率，计算公式为

$$C_g = \frac{C_{harvest}}{C_{input}}$$

$$C_s = \frac{C_{\text{sequestration}}}{C_{\text{input}}}$$

式中，C_{harvest}、$C_{\text{sequestration}}$ 和 C_{input} 分别是作物籽粒碳储量（t C/hm^2）、土壤碳固存量（t C/hm^2）和土壤碳投入量（t C/hm^2）。

4.2.5.2　还田方式对农田系统碳利用效率的影响

仅麦秆单季还田处理的年均单位碳投入的土壤有机碳固存显著大于双季秸秆还田处理，且两个处理的年均单位碳投入的土壤有机碳固存均随着时间的推移而降低（图 4-12a）。仅麦秆单季还田处理的年均单位碳投入的土壤有机碳固存为 0.20 t/t，较双季秸秆还田处理高 53.85%（图 4-12b）。

由于仅麦秆单季还田处理的玉米季秸秆收获饲用，年均单位碳投入的籽粒产量始终大于双季秸秆还田处理（图 4-12c，图 4-12d）。仅麦秆单季还田处理年均单位碳投入的籽粒产量为 1.04 t/t，较双季秸秆还田处理高 55.22%（图 4-12d）。

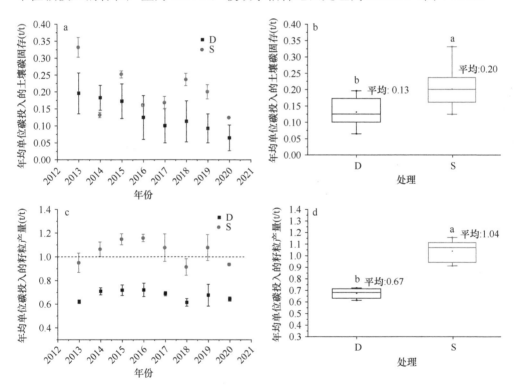

图 4-12　不同处理下年均单位碳投入的土壤碳固存和年均单位碳投入的籽粒产量

D 和 S 分别表示双季还田和仅麦秆单季还田。箱线图显示中值和四分位范围，不同的小写字母表示差异显著（$P<0.05$）

4.2.6　小麦—玉米周年农田系统经济与生态效益

4.2.6.1　经济与环境效益的计算

农田生产总收入（P_{value}，元/hm²）和净收入（P_{income}，元/hm²）的计算公式为

$$P_{value}=Y_{grain}\times P_{grain}+Y_{straw}\times P_{straw}$$

$$P_{income}=P_{value}-P_{cost}$$

式中，Y_{grain} 和 P_{grain} 分别为作物籽粒产量（t/hm²）和单价（元/t）；Y_{straw} 和 P_{straw} 分别为玉米秸秆产量（t/hm²）和单价（元/t），仅麦秆单季还田处理的玉米秸秆作为饲料出售获得经济收益；P_{cost}（元/hm²）为种子、化肥、农药、灌溉、机械和劳动力的经济投入总量（元/hm²），投入成本见表 4-4。

表 4-4　农田生产的投入成本

农资	单价	D		S	
		小麦	玉米	小麦	玉米
种子	小麦为 6.81 元/kg 玉米为 40.66 元/kg	1171.94	914.70	1171.94	914.70
复合肥	6.47 元/kg	3869.17	3869.17	3869.17	3869.17
尿素	3.78 元/kg	851.40	851.40	851.40	851.40
除草剂	75.47 元/kg	592.44	592.44	592.44	592.44
杀菌剂	70.11 元/kg	340.01	340.01	340.01	340.01
灌溉用电	0.89 元/（kW·h）	223.81	74.58	223.81	74.58
柴油	5.50 元/L	798.08	575.17	798.08	669.84
人工	86.28 元/d	1311.40	1311.40	1311.40	1483.95

注：单价来源于当地市场行情，并根据生产资源使用量计算投入成本

间接碳排放（$C_{indirect}$）的计算公式为

$$C_{indirect}=C_{fertilizer}+C_{pesticide}+C_{fungicide}+C_{irrigation}+C_{machinery}+C_{manpower}$$

式中，$C_{fertilizer}$、$C_{pesticide}$、$C_{fungicide}$、$C_{irrigation}$、$C_{machinery}$ 和 $C_{manpower}$ 分别为作物生产过程中化肥、杀虫剂、杀真菌剂、灌溉、机械和人工使用导致的碳排放量，其碳排放系数见表 4-5。

农田系统碳排放总量（T_C）计算公式为

$$T_C=C_{loss}+C_{indirect}$$

式中，C_{loss} 为农田碳损失量（t C/hm²）。

农田系统的温室气体排放 [GHG，t CO₂-eq/（hm²·a）] 按 CO₂ 当量计算公式为

$$GHG=T_C\times 3.67+E_{N_2O}\times 298\times 0.001$$

式中，3.67 是 C 转换成 CO_2 的系数；E_{N_2O} 是农田 N_2O 排放量（kg/hm²），参照 Li 等（2021）建立的简单模型 $[y=e^{-0.277+0.004N}$，N 为施氮量（kg/hm²）$]$ 估计，N_2O 平均排放量为 4.12 kg/（hm²·a）；298 是以二氧化碳当量计算的 N_2O 排放量（IPCC，2014）；0.001 是单位转换系数。

表 4-5　农田生产中的间接碳排放

农资			碳排放系数	碳排放量 [t C/（hm²·a）]	
处理	D	S		D	S
复合肥[kg/（hm²·a）]	1200.00	1200.00	0.90 kg C/kg	1.08	1.08
尿素[kg/（hm²·a）]	450.00	450.00	1.74 kg C/kg	0.78	0.78
除草剂[kg/（hm²·a）]	15.70	15.70	3.90 kg C/kg	0.06	0.06
杀虫剂[kg/（hm²·a）]	9.70	9.70	5.10 kg C/kg	0.05	0.05
灌水用电[kg/（kW·h·a）]	333.60	333.60	0.92 kg C/（kW·h）	0.31	0.31
柴油[L/（hm²·a）]	249.50	266.70	2.63 kg C/L	0.66	0.7
人工[d/（hm²·a）]	30.40	32.40	0.92 kg C/d	0.03	0.03

单位籽粒产量的碳排放（$C_{Yield\text{-}scaled}$）和单位籽粒产量的 GHG（$GHG_{Yield\text{-}scaled}$）计算公式为

$$C_{Yield\text{-}scaled} = \frac{T_C}{Y_{grain}}$$

$$GHG_{Yield\text{-}scaled} = \frac{GHG}{Y_{grain}}$$

单位净经济收入的碳排放（$C_{Net\ income\text{-}scaled}$）和单位净经济收入的 GHG（$GHG_{Net\ income\text{-}scaled}$）的计算公式为

$$C_{Net\ income\text{-}scaled} = \frac{T_C}{P_{income}}$$

$$GHG_{Net\ income\text{-}scaled} = \frac{GHG}{P_{income}}$$

4.2.6.2　还田方式对经济与环境效益的影响

仅麦秆单季还田的净收入为 22 693.94 元/hm²，比双季秸秆还田增加了 5001.96 元/hm²，增加了 22.04%（图 4-13a）。差异的主要原因是仅麦秆单季还田处理下玉米秸秆作为饲料的收入增加，而且不需要将玉米秸秆碾碎后再还田，节省了成本。两种还田方式下温室气体排放的差异更为显著。仅麦秆单季还田处理温室气体排放总量为 3.21 t CO_2-eq/（hm²·a），仅为双季秸秆还田处理 14.55 t CO_2-eq/（hm²·a）

的 22.06%（图 4-13b）。

仅麦秆单季还田处理的单位粮食产量温室气体排放量为 0.22 t CO_2-eq/t，仅为双季秸秆还田（1.00 t CO_2-eq/t）的 22%（图 4-13c）。同样，仅麦秆单季还田的单位净收入温室气体排放量比双季秸秆还田减少了 83.33%（图 4-13d）。

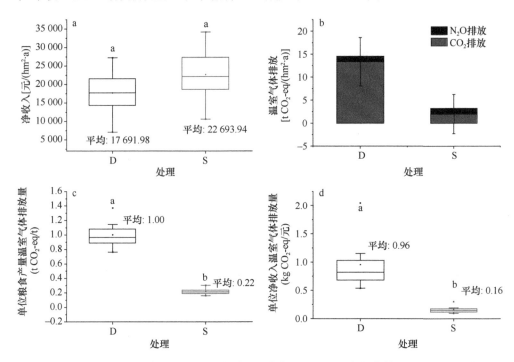

图 4-13 两种秸秆处理小麦—玉米双季作系统的净收入（a）、温室气体排放（b）、单位粮食产量温室气体排放量（c）和单位净收入温室气体排放量（d）

D 和 S 分别表示双季还田和仅麦秆单季还田

本节研究结果表明，黄淮海地区小麦—玉米一年两熟种植制度下，仅小麦秸秆单季还田条件下作物平均周年产量高于小麦、玉米秸秆双季还田，两种还田处理的产量稳定性和可持续性无显著差异。同时，小麦秸秆单季还田处理的玉米秸秆饲料化降低了农田碳投入，并增加了经济收益，导致单季秸秆还田处理的碳效益和经济效益均显著高于双季秸秆还田处理。因此，仅小麦秸秆单季还田在不显著影响小麦—玉米周年籽粒产量及其稳定性和可持续性的前提下，既增加了纯收入，减少了田间温室气体排放，又保持了作物生产力和土壤固碳能力，实现了经济效益和环境效益的双赢。

基于本章两节的研究结果，周年秸秆减量还田，可促进小麦—玉米周年集约化种植系统增产增收和碳氮高效。因地制宜调整秸秆还田方式，有助于小麦—玉米周年稳产高效和绿色可持续生产。小麦—玉米一年两熟种植制度下改传统双季秸秆还田为小麦秸秆单季还田、玉米秸秆饲用，有助于小麦—玉米周年稳产高效和绿色可持续生产，并协同提高农田碳氮效率，实现经济效益和环境效益的双赢。

参 考 文 献

柴如山, 王擎运, 叶新新, 等. 2019. 我国主要粮食作物秸秆还田替代化学氮肥潜力. 农业环境科学学报, 38(11): 2583-2593.

麦逸辰, 卜容燕, 韩上, 等. 2021. 添加不同外源氮对水稻秸秆腐解和养分释放的影响. 农业工程学报, 37(22): 210-219.

牛新胜, 巨晓棠. 2017. 我国有机肥料资源及利用. 植物营养与肥料学报, 23(6): 1462-1479.

宋大利, 侯胜鹏, 王秀斌, 等. 2018. 中国秸秆养分资源数量及替代化肥潜力. 植物营养与肥料学报, 24(1): 1-21.

王金洲, 卢昌艾, 张文菊, 等. 2016. 中国农田土壤中有机物料腐解特征的整合分析. 土壤学报, 53(1): 16-27.

王新媛, 赵思达, 郑险峰, 等. 2021. 秸秆还田和氮肥用量对冬小麦产量和氮素利用的影响. 中国农业科学, 54(23): 5043-5053.

朱浩宇, 高明, 龙翼, 等. 2020. 化肥减量有机替代对紫色土旱坡地土壤氮磷养分及作物产量的影响. 环境科学, 41(4): 1921-1929.

Bolinder M A, Angers D A, Giroux M, et al. 1999. Estimating C inputs retained as soil organic matter from corn (*Zea mays* L.). Plant Soil, 215: 85-91.

Bolinder M A, Janzen H H, Gregorich E G, et al. 2007. An approach for estimating net primary productivity and annual carbon inputs to soil for common agricultural crops in Canada. Agriculture Ecosystems & Environment, 118: 29-42.

Buysse P, Roisin C, Aubinet M. 2013. Fifty years of contrasted residue management of an agricultural crop: Impacts on the soil carbon budget and on soil heterotrophic respiration. Agriculture Ecosystems & Environment, 167: 52-59.

Fang Y Y, Nazaries L, Singh B K, et al. 2018. Microbial mechanisms of carbon priming effects revealed during the interaction of crop residue and nutrient inputs in contrasting soils. Global Change Biology, 24: 2775-2790.

Gao L, Li W, Ashraf U, et al. 2020. Nitrogen fertilizer management and maize straw return modulate yield and nitrogen balance in sweet corn. Agronomy, 10(3): 362.

Guo L J, Zhang L, Liu L, et al. 2021. Effects of long-term no tillage and straw return on greenhouse gas emissions and crop yields from a rice-wheat system in central China. Agriculture, Ecosystems and Environment, 322: 107650.

He L, Zhang A, Wang X, et al. 2019. Effects of different tillage practices on the carbon footprint of wheat and maize production in the Loess Plateau of China. Journal of Cleaner Production, 234: 297-305.

IPCC. 2014. Climate Change 2014: Mitigation of Climate Change. Cambridge and New York: Cambridge University Press.

Jin Z Q, Shah T, Zhang L, et al. 2020. Effect of straw returning on soil organic carbon in rice-wheat rotation system: A review. Food Energy Security, 9: e200.

Li J Z, Wang L G, Luo Z K, et al. 2021. Reducing N_2O emissions while maintaining yield in a wheat-maize rotation system modelled by APSIM. Agricultural Systems, 194: 103277.

Liu C, Lu M, Cui J, et al. 2014. Effects of straw carbon input on carbon dynamics in agricultural soils: a meta-analysis. Global Change Biology, 20: 1366-1381.

Liu W S, Liu W X, Kan Z R, et al. 2022. Effects of tillage and straw management on grain yield and SOC storage in a wheat-maize cropping system. European Journal of Agronomy, 137: 126530.

Liu Z, Gao T P, Liu W T, et al. 2019. Effects of part and whole straw returning on soil carbon sequestration in C3-C4 rotation cropland. Journal of Plant Nutrition and Soil Science, 182(3): 429-440.

Luo Z K, Wang E L, Sun O J. 2016. A meta-analysis of the temporal dynamics of priming soil carbon decomposition by fresh carbon inputs across ecosystems. Soil Biology & Biochemistry, 101: 96-103.

Luo Z K, Wang E L, Xing H T, et al. 2017. Opportunities for enhancing yield and soil carbon sequestration while reducing N_2O emissions in rainfed cropping systems. Agricultural and Forest Meteorology, 232: 400-410.

Tao F, Palosuo T, Valkama E, et al. 2019. Cropland soils in China have a large potential for carbon sequestration based on literature survey. Soil & Tillage Research, 186: 70-78.

Wang C, Li X, Gong T, et al. 2014. Life cycle assessment of wheat-maize rotation system emphasizing high crop yield and high resource use efficiency in Quzhou County. Journal of Cleaner Production, 68: 56-63.

Wang J Z, Wang X J, Xu M G, et al. 2015. Contributions of wheat and maize residues to soil organic carbon under long-term rotation in north China. Scientific Reports, 5: 11409.

Wild B, Li J, Pihlblad J, et al. 2019. Decoupling of priming and microbial N mining during a short-term soil incubation. Soil Biology & Biochemistry, 129: 71-79.

Zhang W J, Wang X J, Xu M G, et al. 2010. Soil organic carbon dynamics under long-term fertilizations in arable land of northern China. Biogeosciences Discussions, 7: 409-425.

Zhao H L, Shar A G, Li S, et al. 2018. Effect of straw return mode on soil aggregation and aggregate carbon content in an annual maize-wheat double cropping system. Soil & Tillage Research, 175: 178-186.

第 5 章　耕作和秸秆还田方式对小麦—玉米周年土壤固碳效应的影响

5.1　耕作和秸秆还田方式对小麦—玉米周年土壤有机碳库及组分的影响

耕作和秸秆还田的农田管理措施是有机碳库变化的重要因素之一，耕作的强度和频率以及秸秆外源有机物的输入直接影响有机碳的周转。长期的传统耕作容易形成犁底层，影响土壤的通透性，且频繁的翻耕会破坏土壤团聚体的结构，加速土壤有机碳的氧化分解，导致有机碳含量下降。大量的研究表明，与传统的耕作方式相比，免耕、深耕、深松等耕作方式有利于土壤有机碳的积累（Martínez et al.，2013；李景等，2015）。李景等（2015）研究发现，免耕和深耕配合秸秆覆盖提高了超大团聚体有机碳含量。孟婷婷和孔辉（2019）在耕作方式对黄土旱塬土壤有机碳影响的试验中发现，与旋耕和翻耕相比，免耕提高了 0～10 cm 土层土壤有机碳的含量。然而，目前免耕对土壤有机碳的影响存在争议，免耕有利于有机碳在表层土壤中的积累，但对底层土壤的固碳效果存在争议（Schmidt et al.，2011），这可能是免耕下有机碳固定的滞后效应导致的（Powlson et al.，2014）。而深耕对土壤的翻动较大，有利于打破犁底层，减小土壤紧实度，能使表层的秸秆、覆盖物翻到深土层中去，从而有利于深层土壤有机碳的积累（赵继浩等，2019；李锡锋等，2020）。李锡锋等（2020）研究发现，长期深耕结合秸秆还田能提高土壤有机碳含量和团聚体有机碳含量。赵继浩等（2019）研究发现，与旋耕和免耕相比，深耕增加了 10～30 cm 土层土壤有机碳的含量，深耕与秸秆还田结合效果更佳。另外，旋耕的耕作深度小，对土壤结构的破坏较小，与传统翻耕相比，更利于表层土壤有机碳的积累（田慎重等，2010；杨敏芳等，2013；张志毅等，2020）。

稳定的总有机碳难以迅速反映农田管理措施对其的影响，而土壤活性有机碳在土壤中移动快、易被分解，因此活性有机碳对农田管理措施的响应比较敏感（杨敏芳等，2013；张志毅等，2020）。依据提取方法的不同，活性有机碳组分主要分为颗粒有机碳（POC）、可溶性有机碳（DOC）、微生物量碳（MBC）等（万忠梅等，2011）。研究发现，农田管理措施主要影响土壤有机碳中的活性组分（Blair et al.，1995）。例如，张志毅等（2020）通过研究秸秆、有机肥和耕作方式对土壤团聚体和土壤有机碳的短期影响，发现秸秆、有机肥和耕作方式显著影响土壤有机碳活性组分，其中颗粒有机碳主要受到外源有机物的影响。Li 等（2021）通过 95 项全球研究的数据结果发现，与传统耕作相比，免耕显著增加了 0～40 cm 土壤中 DOC、POC、MBC 的含量，并且发现免耕条件下有机碳含量的增加与 MBC 和 POC 显著相关。Ferreira 等（2020）研究发现长期免耕会影响有机碳组分，增加表层土壤 POC 的含量，有效促进土壤碳的固存。田慎重等（2020）研究发现，耕作方式的转变也会对土壤有机碳及活性组分产生显著影响。

本节基于华北平原小麦—玉米周年复种长期定位试验，通过对土壤碳库及组分含量的测定，探究不同耕作和秸秆还田方式对土壤有机碳组分的影响，分析不同耕作和秸秆还田方式下土壤固碳效应产生差异的原因。以期为华北平原地区确立合理的耕作和秸秆还田方式以提高土壤质量提供理论和实践依据。

本节中试验设计同 3.1 章节试验设计。

5.1.1 耕作和秸秆还田方式对土壤有机碳的影响

研究表明（图 5-1），0～20 cm 土层土壤有机碳受耕作方式和秸秆还田方式的交互影响。不同处理之间，RTD（小麦季旋耕+秸秆还田，玉米季免耕直播+秸秆还田）处理的土壤有机碳含量最高，达到了 11.3 g/kg。与 DTD（小麦季深耕+秸秆还田，玉米季免耕直播+秸秆还田）相比，NTD（小麦季免耕+秸秆还田，玉米季免耕直播+秸秆还田）和 RTD 的土壤有机碳含量分别显著提高了 36.33% 和 42.38%（$P<0.05$）；与 DTS（小麦季深耕+秸秆还田，玉米季免耕直播）相比，NTS（小麦季免耕+秸秆还田，玉米季免耕直播）的土壤有机碳含量显著提高了 27.55%（$P<0.05$）；从耕作方式来看，土壤有机碳含量表现为：免耕>旋耕>深耕，免耕和旋耕的土壤有机碳含量分别比深耕显著提高了 32.08% 和 29.54%（$P<0.05$）；从秸秆还田方式来看，双季秸秆还田的土壤有机碳含量均高于单季秸秆还田，其中 RTD 的土壤有机碳含量比 RTS（小麦季旋耕+秸秆还田，玉米季免耕直播）的土壤有机碳含量显著提高了 30.84%（$P<0.05$），说明双季秸秆还田由于增加了秸秆的还田量而提升了土壤有机碳含量。在 20～40 cm 土层，不同处理之间，RTD 处理的土壤有机碳含量最高，为 5.65 g/kg；不同耕作方式下土壤有机碳含量有所差异，但差异未达到显著水平；从秸秆还田方式来看，双季秸秆还田的土壤有机碳含量均高于单季秸秆还田，其中 RTD 的土壤有机碳含量比 RTS 的土壤有机碳含量显著提高了 63.14%（$P<0.05$）。

RTD 处理的土壤有机碳含量在 0～20 cm 土层显著高于其他处理，可能原因是旋耕使秸秆主要分布于 0～20 cm 土层，因此显著提高了 0～20 cm 土层的 SOC 含量。免耕使大量的秸秆覆盖于农田土壤表面，对土壤的扰动少，进而也显著提升了 0～20 cm 土层的 SOC 含量（闫雷等，2020）。在 20～40 cm 土层，深耕土壤有机碳含量高于其他两种耕作方式，究其原因可能是深耕使秸秆分布于 0～40 cm 土层中，增加了 20～40 cm 土层外源有机质的输入，从而提高了土壤有机碳含量。

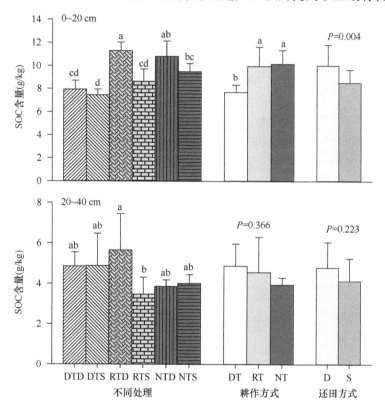

图 5-1　不同耕作和秸秆还田方式对土壤有机碳的影响

DTD，深耕双季秸秆还田；DTS，深耕单季秸秆还田；RTD，旋耕双季秸秆还田；RTS，旋耕单季秸秆还田；NTD，免耕双季秸秆还田；NTS，免耕单季秸秆还田。数据为平均值±标准差，不含有相同小写字母表示差异显著（P<0.05），方差分析用双因素方差分析（two-way ANOVA）方法，不同处理间多重比较用 Duncan 新复极差方法（P<0.05）。下同

5.1.2　耕作和秸秆还田方式对土壤微生物量碳的影响

土壤微生物量碳（MBC）是指土壤中所有活体微生物中碳的总量，在土壤有机质中占很小一部分，但对土壤环境和农艺措施较敏感（Li et al.，2021）。不同耕作和秸秆还田方式对土壤微生物量碳的影响如图 5-2 所示。在 0～20 cm 土层中，DTD 处理的 MBC 含量最高，为 459.04 mg/kg。从秸秆还田方式来看，双季秸秆还田下 MBC 含量显著高于单季秸秆还田。在 20～40 cm 土层中，DTD 处理的 MBC 含量最高，与 RTD 和 NTD 相比，DTD 的 MBC 含量分别显著提高了 27.95%

和 23.86%（*P*<0.05）；20～40 cm 土层的 MBC 含量主要受到耕作方式的影响，深耕下 MBC 含量比旋耕和免耕分别显著提高了 16.16% 和 17.82%（*P*<0.05）；双季秸秆还田的 MBC 含量高于单季秸秆还田，但差异不显著。DTD 处理的 MBC 含量高的可能原因是深耕降低了土壤的紧实度，增加了土壤的通透性，为微生物提供了有利的生长环境，从而提高了 MBC 含量（王永慧等，2020）。

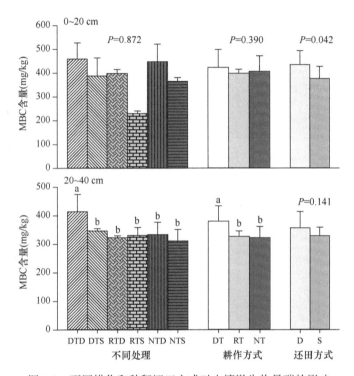

图 5-2　不同耕作和秸秆还田方式对土壤微生物量碳的影响

5.1.3　耕作和秸秆还田方式对土壤可溶性有机碳的影响

土壤可溶性有机碳（DOC）被认为是土壤微生物活动的主要能源，是土壤微生物可利用碳的指标，它参与土壤有机碳的分解和转化，是响应农田管理措施的敏感指标（田慎重等，2020）。不同耕作方式和秸秆还田方式对土壤 DOC 的影响如图 5-3 所示。在 0～20 cm 土层中，DOC 含量主要受到秸秆还田方式的影响，DTD 处理的 DOC 含量最高，为 51.32 mg/kg，除与 RTD 处理差异不显著外，显著高于其他处理（*P*<0.05）。不同耕作方式下土壤 DOC 含量没有显著性差异；从秸秆还田方式来看，双季秸秆还田下 DOC 含量显著高于单季秸秆还田，其中 DTD 比 DTS 的 DOC 含量显著提高了 42.80%（*P*<0.05）。在 20～40 cm 土层，DOC 含量受耕作方式和秸秆还田方式的交互影响。不同处理之间，DTD 处理的 DOC 含

量最高，为 45.87 mg/kg。与 RTD 和 NTD 相比，DTD 的 DOC 含量分别显著提高了 23.69%和 38.54%（$P<0.05$）；与 NTS 相比，DTS 的 DOC 含量显著提高了 26.90%（$P<0.05$）；从耕作方式来看，深耕下 DOC 含量比旋耕和免耕分别显著提高了 16.23%和 33.13%（$P<0.05$）；双季秸秆还田的 DOC 含量显著高于单季秸秆还田，其中与 DTS 相比，DTD 的 DOC 含量显著提高了 25.63%（$P<0.05$）。与旋耕和免耕相比，深耕显著提高了 20～40 cm 土层中土壤 DOC 的含量，这可能是由于深耕将秸秆带入到 20～40 cm 土层中，从而促进了 DOC 的积累（张璐等，2009），且双季秸秆还田显著提高了两个土层的 DOC，说明增加秸秆还田量有利于 DOC 含量的提高。

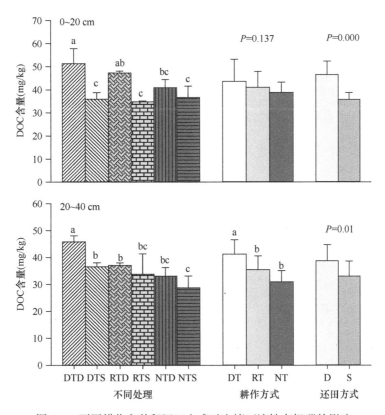

图 5-3　不同耕作和秸秆还田方式对土壤可溶性有机碳的影响

5.1.4　耕作和秸秆还田方式对土壤颗粒有机碳的影响

土壤颗粒有机碳（POC）是粒径范围为 0.053～2 mm 的有机碳，通常由动植物残体组成，存在于团聚体的孔隙中（Zeller and Dambrine，2011）。不同耕作和秸秆还田方式对 POC 的影响如图 5-4 所示。0～20 cm 土层 POC 主要受耕作方式的影响，20～40 cm 土层的 POC 受到了耕作方式、秸秆还田方式以及耕作和秸秆还田方式交互作用的影响。在 0~20 cm 土层中，NTD 处理的 POC 含量最高，为 5.06 g/kg，除与 RTD、NTS 处理差异不显著外，显著高于其他处理。与 DTD 相比，NTD 和 RTD 的 POC 含量分别显著提高了 87.53%和 57.66%（$P<0.05$）；从耕作方式来看，免耕条件下 POC 含量比深耕显著提高了 50.28%（$P<0.05$），原因可能是免耕对土壤的扰动小，秸秆富集在表层土壤，增加了外源有机质的输入，POC 含量会随外源有机物的增加而增加（张志毅等，2020），因而提高了 POC 含量；不同秸秆还田方式下 POC 含量差异不显著。在 20~40 cm 土层中，DTD 处理的 POC 含量显著高于其他处理，为 3.04 g/kg；与 RTD 和 NTD 相比，DTD 的 POC 含量分别显著提高了 83.70%和 141.53%（$P<0.05$）；从耕作方式来看，深耕的 POC 含量比旋耕和免耕分别显著提高了 55.84%和 91.04%（$P<0.05$）；从秸秆还田方式来看，双季秸秆还田下的 POC 含量显著高于单季秸秆还田，与 DTS 相比，DTD 下 POC 的含量显著提高了 76.94%（$P<0.05$），可能原因在于深耕措施使秸秆均匀分布于 0~40 cm 土层，增加了 20~40 cm 土层外源有机质的输入，从而有利于 POC 的积累（张志毅等，2020）。

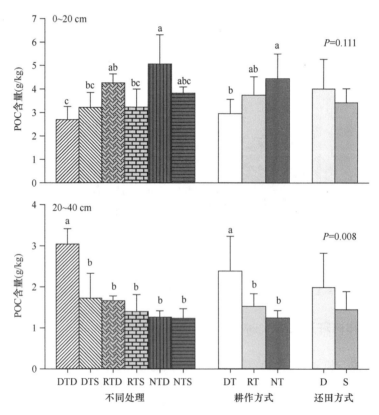

图 5-4 不同耕作和秸秆还田方式对土壤颗粒有机碳的影响

本节研究结果表明，不同耕作和秸秆还田方式下土壤总有机碳和活性有机碳组分在含量上存在明显差别。从耕作方式来看，免耕和旋耕显著提高了 0～20 cm 土层 SOC 和 POC 含量，深耕显著提高了 20～40 cm 土层 MBC 含量、DOC 含量和 POC 含量。从秸秆还田方式来看，双季秸秆还田由于增加了秸秆还田量而提高了土壤有机碳的含量。耕作和秸秆还田方式交互作用下，深耕双季秸秆还田显著提高了土壤活性有机碳组分的含量。不同耕作和秸秆还田方式下土壤有机碳含量增加的原因不同。在 0～20 cm 土层，免耕由于大量的秸秆覆盖于农田土壤表面，对土壤的扰动少，而显著提升了 SOC 含量。旋耕使大量秸秆富集于传统耕层，为 SOC 含量的提高创造了条件。深耕在积累有机碳的同时提高了活性有机碳组分的含量。双季秸秆还田增加了外源有机质的投入，从而显著提高了有机碳组分的含量。

5.2　耕作和秸秆还田方式对小麦—玉米周年土壤团聚体碳的影响

土壤团聚体是土壤结构的基本单元，其分布和稳定性是土壤重要的物理指标之一。土壤团聚体对改善土壤肥力、提高农业生产力、提高孔隙率和减少侵蚀性至关重要。同时，团聚体对土壤有机碳也有着重要的物理保护作用（刘红梅等，2020；祁剑英等，2020）。

耕作时的机械破坏对团聚体的影响最大，因此由于不同耕作方式的频率和强度不同，会影响土壤团聚体的粒级组成及分布，进而影响土壤有机碳的稳定。而秸秆还田、覆盖作物等外源有机质的输入可以形成胶结物质参与土壤团聚体的形成（Waters and Oades，2003）。有研究表明，大团聚体的周转较快且容易受到耕作方式的影响（Castro Filho et al.，2002）。Sithole 等（2019）研究指出，与免耕相比，常规耕作显著降低表层土壤>2 mm 团聚体的含量，Nandan 等（2019）也得到了类似的结论：免耕处理有较高的>0.25 mm 水稳性大团聚体比例。Wang 等（2019）基于长期定位试验，分析了传统耕作、少耕掺入秸秆和免耕秸秆覆盖三种耕作方式土壤团聚体的分布以及团聚体有机碳的含量，发现与传统耕作相比，免耕秸秆覆盖显著提高了表层>2 mm 土壤团聚体有机碳的含量，并且提高了团聚体的稳定性，少耕掺入秸秆能显著提高 0.25～2 mm 团聚体有机碳的含量。王勇等（2012）通过 9 年的定位试验研究发现，与传统耕作相比，深松、旋耕和免耕增加了 0～40 cm 土层>0.25 mm 团聚体的含量和团聚体稳定性。皇甫呈惠等（2020）研究发现，两季秸秆还田及有机肥配施氮肥增加了土壤大团聚体的含量，提高了团聚体稳定性和不同粒径团聚体有机碳含量。在稻田中也发现了类似的结果，Qi 等（2022）通过田间试验和 Meta 分析研究发现，在稻田中，免耕能增加>2 mm

团聚体含量，可能有助于有机碳的保护与积累。

本节基于华北平原小麦—玉米周年复种长期定位试验，通过对土壤水稳性团聚体、团聚体分级后有机碳的含量测定，探讨不同耕作和秸秆还田方式对团聚体分布、稳定性和团聚体碳的影响，从团聚体物理保护的角度分析引起碳库变化的原因，以期为华北平原地区确立合理的耕作和秸秆还田方式以提高土壤质量提供理论和实践依据。

本节中试验设计同 3.1 章节试验设计。

5.2.1 耕作和秸秆还田方式对团聚体分布与稳定性的影响

5.2.1.1 土壤水稳性团聚体分布

土壤团聚体是控制土壤有机质、土壤养分循环和孔隙度等的结构单元，对有机碳有着物理保护作用，其分布和稳定性是土壤重要的物理指标之一。由土壤水稳性团聚体的分布（表 5-1）可以看出，在 0～20 cm 土层中，粒径>2 mm 和 0.25～2 mm 的团聚体所占比例较大，在 20～40 cm 土层中，粒径 0.25～2 mm 和<0.053 mm 的团聚体所占比例较大。除 DTD 处理外，超大团聚体所占比例随土层深度的增加而减小，黏粒组分所占比例随土层深度的增加而增大。

表 5-1 不同耕作和秸秆还田方式对土壤水稳性团聚体分布的影响

土层（cm）	处理	LM（%）	SM（%）	M（%）	SC（%）
0～20	DTD	5.73±0.74d	42.31±9.04a	20.60±4.67ab	31.36±8.78a
	DTS	15.65±3.51c	27.55±5.02c	23.08±0.77a	33.73±6.65a
	RTD	40.05±3.87a	27.58±2.58c	13.68±1.43c	18.68±1.25b
	RTS	26.90±4.75b	29.45±2.04bc	17.17±2.67bc	22.09±4.63b
	NTD	32.59±4.22b	38.74±7.01ab	15.40±2.87c	13.27±1.16b
	NTS	45.06±5.99a	26.48±4.15c	12.90±2.21c	15.56±3.85b
	交互作用	***	*	ns	ns
	耕作方式	***	ns	**	***
	DT	10.69±5.89b	34.93±10.40	21.84±3.29a	32.54±7.08a
	RT	33.47±8.18a	28.52±2.32	15.43±2.71b	20.39±3.56b
	NT	38.82±8.25a	32.61±8.46	14.15±2.67b	14.42±2.84b
	还田方式	ns	**	ns	ns
	D	26.12±15.89	36.21±8.87	16.56±4.21	21.10±9.20
	S	29.20±13.52	27.83±3.65	17.72±4.77	23.79±9.14
20～40	DTD	25.84±3.84a	34.76±7.69bc	18.66±2.93	20.73±3.62c
	DTS	8.13±1.19c	35.19±4.93bc	22.08±5.06	34.60±5.78a
	RTD	15.05±2.35b	34.04±2.31bc	20.39±2.76	30.52±4.23abc

续表

土层（cm）	处理	LM（%）	SM（%）	M（%）	SC（%）
20～40	RTS	12.11±2.20bc	26.29±0.32c	21.74±4.42	33.20±9.42ab
	NTD	13.59±2.92b	46.14±2.59a	19.22±5.28	22.47±3.44bc
	NTS	13.23±0.49b	38.93±5.88ab	20.66±2.90	27.19±7.20abc
	交互作用	***	ns	ns	ns
	耕作方式	*	**	ns	ns
	DT	16.99±10.03a	34.98±5.78b	20.37±4.14	27.67±8.74
	RT	13.58±2.60b	30.16±4.49b	21.06±3.38	31.86±6.70
	NT	13.41±1.88b	42.54±5.67a	19.94±3.89	24.83±5.67
	还田方式	***	*	ns	*
	D	18.16±6.39	38.31±7.23	19.42±3.40	24.58±5.58
	S	11.15±2.65	33.47±6.81	21.49±3.72	31.66±7.43

注：LM 为超大团聚体（>2 mm），SM 为大团聚体（0.25～2 mm），M 为微团聚体（0.053～0.25 mm），SC 为黏粒组分（<0.053 mm）。数据为平均值±标准差，不含有相同小写字母表示差异显著（$P<0.05$），方差分析用双因素方差分析（two-way ANOVA）方法，不同处理间多重比较用 Duncan 新复极差方法（$P<0.05$）。*表示 $P<0.05$，**表示 $P<0.01$，***表示 $P<0.001$，ns 表示差异不显著。下同

在 0～20 cm 土层，超大团聚体受到耕作方式以及耕作和秸秆还田方式交互作用的影响，其中含量最高的处理是 NTS，比 DTS 和 RTS 处理分别显著提高了187.96%和 67.50%（$P<0.05$）；从耕作方式来看，与深耕措施相比，免耕和旋耕措施下土壤超大团聚体的百分比含量分别显著提高了 263.14%和 213.10%（$P<0.05$），可能是免耕对土壤扰动小，有效减少了对大团聚体结构的破坏，促进了土壤大团聚体的聚集，这与前人的研究结果一致（闫雷等，2020；李景等，2015）。大团聚体含量主要受秸秆还田方式以及耕作和秸秆还田方式交互作用的影响，其中 DTD处理最高，比 RTD 处理显著提高了 53.41%（$P<0.05$）；从秸秆还田方式来看，双季秸秆还田下的大团聚体含量显著高于单季秸秆还田。微团聚体和黏粒组分含量主要受耕作方式的影响，与深耕相比，免耕措施下微团聚体和黏粒组分含量显著降低了 47.46%（$P<0.05$）。

在 20～40 cm 土层，超大团聚体的含量主要受耕作方式、秸秆还田方式及其交互作用的影响。DTD 处理的超大团聚体含量最高，比 RTD 和 NTD 分别显著提高了 71.69%和 90.14%（$P<0.05$）；从耕作方式来看，深耕措施下超大团聚体的含量显著高于旋耕和免耕措施，且双季秸秆还田超大团聚体含量显著高于单季秸秆还田，可能是深耕增加了 20～40 cm 土层外源秸秆的输入，秸秆作为胶结物质与土壤颗粒形成了有机无机复合体，对于土壤团聚体的形成起到了促进作用（章明奎等，2007；陈晓芬等，2013）。大团聚体含量主要受耕作方式和秸秆还田方式的影响，不同处理之间 NTD 处理的大团聚体含量最高，与 DTD 和 RTD 相比，NTD

的大团聚体含量分别显著提高了 32.74% 和 35.55%（$P<0.05$）；与 RTS 相比，NTS 的大团聚体含量显著提高了 48.08%（$P<0.05$）。从耕作方式来看，免耕的大团聚体含量显著高于旋耕和深耕，且双季秸秆还田大团聚体的含量显著高于单季秸秆还田（$P<0.05$）。

5.2.1.2 土壤水稳性团聚体稳定性

团聚体平均重量直径（MWD）是反映土壤团聚体稳定性的常用指标，其值越大，表明土壤团聚体的稳定性越强（刘红梅等，2020；张秀芝等，2020）。不同耕作和秸秆还田方式对土壤团聚体 MWD 值的影响如表 5-2 所示。在 0～20 cm 土层

表 5-2 不同耕作和秸秆还田方式对土壤团聚体 MWD 值的影响

土层（cm）	处理	MWD
0～20	DTD	0.64±0.09c
	DTS	0.67±0.10c
	RTD	1.14±0.05a
	RTS	0.91±0.12b
	NTD	1.12±0.01a
	NTS	1.23±0.08a
	交互作用	**
	耕作方式	***
	DT	0.66±0.09c
	RT	1.03±0.15b
	NT	1.18±0.08a
	还田方式	ns
	D	0.97±0.25
	S	0.94±0.26
20～40	DTD	0.95±0.07a
	DTS	0.61±0.07c
	RTD	0.73±0.06bc
	RTS	0.66±0.12bc
	NTD	0.80±0.05b
	NTS	0.75±0.06bc
	交互作用	**
	耕作方式	ns
	DT	0.78±0.19
	RT	0.70±0.09
	NT	0.78±0.06
	还田方式	**
	D	0.83±0.11
	S	0.67±0.10

中，MWD 值主要受耕作方式以及耕作与秸秆还田交互作用的影响。NTS 效果最佳，分别较 DTS、RTS 处理显著提高了 83.58%和 35.16%（$P<0.05$）；与 DTD 相比，NTD 和 RTD 的 MWD 分别显著提高了 75.00%和 78.13%（$P<0.05$）。从耕作方式来看，与深耕和旋耕相比，免耕措施下土壤团聚体的 MWD 值分别显著提高了 78.79%和 14.56%（$P<0.05$），增强了土壤团聚体的稳定性，这与前人研究结果一致（闫雷等，2020）。

在 20～40 cm 土层，MWD 值受秸秆还田方式以及耕作和秸秆还田方式交互作用的影响，不同处理之间，DTD 处理下土壤团聚体稳定性最强，与 RTD 和 NTD 相比，DTD 的 MWD 值分别显著提高了 30.14%和 18.75%（$P<0.05$）；双季秸秆还田下 MWD 值显著高于单季秸秆还田（$P<0.05$）；从耕作方式来看，免耕和深耕的 MWD 值大于旋耕，但差异没有达到显著水平。

5.2.2　耕作和秸秆还田方式对土壤团聚体碳的影响

为深入了解不同耕作和秸秆还田方式下土壤的物理固碳机制，要对不同粒径团聚体有机碳进行研究。由表 5-3 可以看出，各粒径团聚体有机碳含量主要受耕作方式和秸秆还田方式的影响，团聚体中有机碳含量随着团聚体粒径的减小而降低，有机碳主要分布在粒径>2 mm 和 0.25～2 mm 的团聚体中，这与前人的研究一致（Six et al.，2000；高洪军等，2020）。

表 5-3　不同耕作和秸秆还田方式下对土壤团聚体碳分布的影响

土层（cm）	处理	LM（%）	SM（%）	M（%）	SC（%）
0～20	DTD	8.67±0.08cd	8.15±1.20cd	6.82±0.83c	7.15±0.42b
	DTS	7.56±0.36d	7.21±0.58d	5.77±0.13d	5.88±0.13c
	RTD	12.16±0.51a	12.27±0.48a	9.35±0.47a	9.87±0.10a
	RTS	8.71±1.39cd	9.33±1.02bc	7.28±0.64bc	7.81±0.66b
	NTD	10.42±0.41b	11.63±0.68a	7.67±0.66bc	7.98±0.94b
	NTS	9.83±1.12bc	10.77±1.41ab	7.95±0.27b	7.60±1.03b
	交互作用	*	ns	*	ns
	耕作方式	**	***	***	***
	DT	8.12±0.65b	7.68±0.99b	6.30±0.78b	6.52±0.75c
	RT	10.44±2.11a	10.80±1.76a	8.31±1.24a	8.84±1.21a
	NT	10.12±0.82a	11.20±1.10a	7.81±0.48a	7.79±0.91b
	还田方式	**	**	**	**
	D	10.42±1.55	10.69±2.06	7.94±1.26	8.34±1.31
	S	8.70±1.34	9.10±1.80	7.00±1.03	7.10±1.10

续表

土层（cm）	处理	LM（%）	SM（%）	M（%）	SC（%）
20～40	DTD	6.89±1.43a	6.06±0.71a	4.60±0.91a	4.91±0.89a
	DTS	6.52±1.41ab	4.13±0.05bc	4.13±0.74abc	4.26±0.88ab
	RTD	6.37±1.61ab	5.52±1.70ab	4.25±0.89ab	3.98±0.59abc
	RTS	4.45±0.62b	3.57±0.80c	2.71±0.53d	3.04±0.45c
	NTD	4.64±0.28b	3.70±0.25c	3.04±0.23bcd	3.46±0.19bc
	NTS	5.01±0.81ab	3.38±0.52c	2.92±0.22cd	3.03±0.21c
	交互作用	ns	ns	ns	ns
	耕作方式	*	*	*	**
	DT	6.71±1.29a	5.10±1.15a	4.37±0.79a	4.58±0.87a
	RT	5.41±1.51ab	4.55±1.60ab	3.48±1.07b	3.51±0.70b
	NT	4.83±0.57c	3.54±0.41c	2.98±0.21b	3.25±0.29b
	还田方式	ns	**	*	*
	D	5.97±1.49	5.09±1.42	3.96±0.96	4.12±0.84
	S	5.32±1.27	3.69±0.59	3.25±0.81	3.44±0.79

在 0～20 cm 土层中，RTD 处理的各粒径团聚体有机碳含量均显著高于其他处理（$P<0.05$）。从耕作方式来看，免耕和旋耕下各粒径的团聚体有机碳含量均显著高于深耕（$P<0.05$）；与免耕和深耕相比，旋耕下黏粒组分有机碳含量分别显著提高了 13.48%和 35.58%（$P<0.05$）。从秸秆还田方式来看，双季秸秆还田下各粒径团聚体有机碳含量均显著高于单季秸秆还田，说明增加秸秆还田量有利于团聚体有机碳的积累（$P<0.05$）。在 20～40 cm 土层中，DTD 处理的各粒径团聚体有机碳含量均为最高，与 NTD 相比，DTD 处理下各粒径团聚体有机碳含量分别显著提高了 48.49%、63.78%、51.32%和 41.91%（$P<0.05$）；与 RTS 相比，DTS 处理的微团聚体有机碳含量显著提高了 52.40%（$P<0.05$），黏粒组分有机碳含量显著提高了 40.13%（$P<0.05$）。从耕作方式来看，深耕下各粒径团聚体有机碳含量均显著高于旋耕和免耕，且双季秸秆还田显著提高了各粒径团聚体有机碳含量。原因可能是深耕措施下增加了 20～40 cm 土层外源有机质的输入，从而提高了团聚体有机碳的含量。

5.2.3 土壤团聚体分布与有机碳组分的相关性分析

对本试验中各粒径土壤团聚体含量与有机碳及活性组分进行相关分析（表 5-4），结果发现，POC、DOC 和 LM 与 SOC 均呈正相关，相关系数依次为 POC（0.887）>LM（0.680）>DOC（0.421），其中 LM 与 POC 和 SOC 呈现极显著正相关（$P<0.01$），POC、SOC 与 LM 之间关系密切，说明 POC 和 SOC 会受到超大团聚体保护而避

免了被降解从而保存下来（王朔林等，2015；张志毅等，2020），且 POC 在一定程度上能代表 SOC 的积累；DOC 与 MBC 呈极显著正相关（$P<0.01$）；M 和 SC 与 SOC 和 POC 呈极显著负相关（$P<0.01$）。

表 5-4 土壤团聚体各粒级含量与 SOC、POC、DOC 和 MBC 含量的相关性分析

	SOC	POC	DOC	MBC	LM	SM	M	SC
SOC	1							
POC	0.877**	1						
DOC	0.421*	0.420*	1					
MBC	0.260	0.313	0.646**	1				
LM	0.680**	0.699**	0.173	0.076	1			
SM	−0.218	−0.270	0.106	0.240	−0.425**	1		
M	−0.535**	−0.480**	−0.270	−0.050	−0.635**	0.023	1	
SC	−0.507**	−0.520**	−0.229	−0.191	−0.739**	−0.152	0.483**	1

注：各因子之间的相关性采用 Pearson 法进行分析；**表示在 0.01 水平（双侧）上显著相关；*表示在 0.05 水平（双侧）上显著相关

本节研究结果表明，免耕更有利于耕层（0～20 cm）土壤>2 mm 水稳性团聚体的形成，提高了 MWD，使土壤结构更为稳定，从而更有利于有机碳的积累。而深耕更有利于 20～40 cm 土层>2 mm 团聚体的形成。从秸秆还田方式来看，双季秸秆还田更有利于大团聚体的形成和团聚体碳的提高。有机碳主要分布在>2 mm 和 0.25～2 mm 的团聚体中。旋耕和免耕与深耕相比，更有利于耕层（0～20 cm）土壤大团聚体有机碳的积累，以旋耕双季秸秆还田效果最佳。旋耕双季秸秆还田显著提高了各粒级团聚体有机碳的含量。而深耕则更有利于 20～40 cm 土层各粒级土壤团聚体有机碳的积累，以深耕双季秸秆还田效果最佳。

5.3 耕作和秸秆还田方式对小麦—玉米周年土壤碳循环酶的影响

大多数研究表明，土壤酶活性对耕作方式和秸秆还田的响应非常敏感。与传统耕作相比，减少耕作强度如免耕、少耕，增加外源有机质如秸秆还田、覆盖作物等措施能提高酶的活性（路文涛等，2011；Pandey et al.，2014；刘红梅等，2020）。例如，王永慧等（2020）研究发现，免耕下土壤蔗糖酶和脲酶的活性高于旋耕，但耕作方式对土壤纤维素酶的影响不显著。此外，高明等（2004）在稻田长期定位试验中也发现了类似的结果：垄作免耕具有较高的土壤酶活性。Mbuthia 等（2015）研究得出：与常规耕作相比，免耕下 β-葡萄糖苷酶、β-氨基葡萄糖苷酶活

性高出约 14%，磷酸二酯酶活性高出约 10%。

有研究表明，土壤有机碳与土壤酶活性之间存在密切的关系，土壤酶是有机碳分解矿化的直接驱动力，会影响有机碳组分，反过来，土壤有机碳充当多种微生物的底物，从而促进酶的活性（Chen et al.，2019；He et al.，2021；Tang et al.，2022）。He 等（2021）研究发现，土壤的碳输入和有机碳组分显著影响着土壤酶的活性，在播种期高锰酸盐可氧化有机碳主要影响着酶活性，而在收获期土壤总有机碳是影响酶活性的关键因素。Tang 等（2022）研究发现，耕作管理会显著影响有机碳不稳定组分和土壤酶，在南方双季稻田中，短期的旋耕和常规耕作配合作物残茬还田可以显著提高根际不稳定有机碳含量和水解酶的活性，而免耕结合作物残茬还田能显著提高根际多酚氧化酶和过氧化酶的活性，通过相关性分析发现，根际水解酶的活性与有机碳含量和不稳定有机碳含量显著相关。

本节基于华北平原小麦—玉米周年复种长期定位试验，通过比较不同耕作和秸秆还田方式下土壤蔗糖酶及四种水解纤维素的酶（β-葡萄糖苷酶、β-1,4-木糖苷酶、纤维二糖水解酶和 β-N-乙酰氨基葡萄糖苷酶），以及两种降解木质素的氧化酶（酚氧化酶和过氧化物酶）共七种酶活性的差异，分析不同耕作和秸秆还田方式对土壤酶活性产生影响的原因，从土壤碳循环酶活性角度来分析固碳效应产生差异的原因，从而为华北地区冬小麦—夏玉米周年种植模式确立合理的耕作和秸秆还田方式、提高土壤地力提供理论基础。

本节中试验设计同 3.1 章节试验设计。

5.3.1 土壤蔗糖酶

土壤蔗糖酶是一种水解酶，能够催化土壤中的蔗糖水解为单糖，从而被机体吸收。土壤蔗糖酶的酶促作用产物与土壤中营养元素（如有机质、氮、磷）含量、微生物数量及土壤呼吸强度密切相关，可作为评价土壤肥力的重要指标之一。不同耕作和秸秆还田方式对土壤蔗糖酶活性的影响如图 5-5 所示。在 0~20 cm 土层中，土壤蔗糖酶活性主要受到秸秆还田方式的影响。双季秸秆还田的蔗糖酶活性显著高于单季秸秆还田（$P<0.05$）；不同处理之间 DTD 处理的酶活性高于其他处理，为 139.18 mg/（d·g DW）；不同耕作方式之间蔗糖酶活性没有显著性差异。在 20~40 cm 土层中，土壤蔗糖酶活性主要受到耕作方式、秸秆还田方式以及耕作和秸秆还田方式交互作用的影响。DTD 显著高于其他处理，为 94.81 mg/(d·g DW)，与 RTD、NTD 相比，DTD 的蔗糖酶活性分别显著提高了 295.03% 和 164.53%（$P<0.05$）；与 RTS 和 NTS 相比，DTS 的蔗糖酶活性分别显著提高了 87.32% 和 67.28%（$P<0.05$）。从耕作方式来看，深耕显著提高了蔗糖酶的活性；从秸秆还田方式来看，双季秸秆还田显著提高了土壤蔗糖酶活性（$P<0.05$）。

在本研究中，DTD 显著提高了 20～40 cm 土层的蔗糖酶活性，究其原因，可能是深耕处理增加了 20～40 cm 外源有机质的输入，为微生物生长提供了良好的条件，促进了微生物的生长和繁殖（Balota et al.，2004），使其分泌了更多的酶，增加了土壤中蔗糖酶的含量，从而提高了土壤蔗糖酶的活性。土壤蔗糖酶活性的提高加速了有机碳及活性组分的转化过程，提高了有效碳库量（万忠梅和宋长春，2008）。

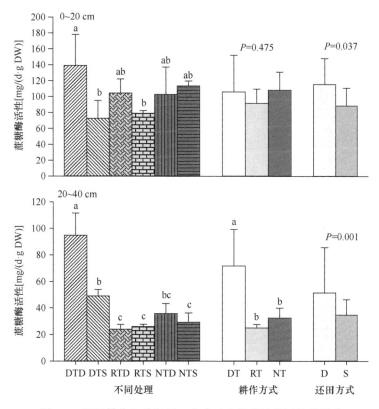

图 5-5　不同耕作和秸秆还田方式对土壤蔗糖酶活性的影响

5.3.2　纤维素水解酶

5.3.2.1　β-葡萄糖苷酶

不同耕作和秸秆还田方式对 β-葡萄糖苷酶活性的影响如图 5-6 所示。在 0～20 cm 土层中，β-葡萄糖苷酶活性主要受耕作和秸秆还田方式交互作用的影响。不同处理之间，DTD 的 β-葡萄糖苷酶活性略高于其他处理。在 20～40 cm 土层中，土壤 β-葡萄糖苷酶活性受到耕作方式、秸秆还田方式以及耕作方式和秸秆还田方式交互作用的影响。不同处理之间，DTD 处理的 β-葡萄糖苷酶活性最高，比 RTD、NTD 分别显著提高了 310.83%和 480.30%（$P<0.05$）；与 RTS 和 NTS 相比，DTS 的 β-葡萄糖苷酶活性分别显著提高了 158.40%和 144.82%（$P<0.05$）。从耕作方式看，与旋耕和免耕相比，深耕下 β-葡萄糖苷酶活性分别显著提高了 236.97%和 284.51%（$P<0.05$），且双季秸秆还田的酶活性显著高于单季秸秆还田（$P<0.05$）。

β-葡萄糖苷酶能将纤维二糖水解为能够被植物和土壤微生物吸收利用的葡萄糖和果糖，是参与纤维素水解过程中的一种重要的酶（Singhania et al.，2013）。在本研究中，DTD 显著提高了 20～40 cm 土层 β-葡萄糖苷酶活性，可能原因在于 DTD 处理增加了外源有机质的输入量，为土壤微生物提供了更多的碳源，从而增加了其分泌的酶，在一定程度上提高了 β-葡萄糖苷酶的活性（He et al.，2021）。反过来 β-葡萄糖苷酶分解纤维素形成的产物为微生物和动植物提供了大量碳源（孙建等，2009），微生物、土壤酶分泌物不断增加，提高了微生物活性和酶活性，加速了土壤物质循环和转化能力，有利于活性有机碳含量的提高（万忠梅和宋长春，2008）。

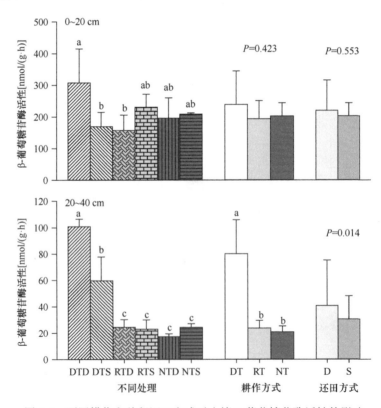

图 5-6　不同耕作和秸秆还田方式对土壤 β-葡萄糖苷酶活性的影响

5.3.2.2　纤维二糖水解酶

不同耕作和秸秆还田对纤维二糖水解酶活性的影响如图 5-7 所示。在 0～20 cm 土层中，纤维二糖水解酶主要受到耕作方式和秸秆还田方式交互作用的影响。不同处理之间，NTS 处理的纤维二糖水解酶活性最高，与 DTS 相比，NTS 的纤维二糖水解酶活性显著提高了 80.35%（$P<0.05$）。在 20～40 cm 土层中，纤维二糖水解酶活性主要受到耕作方式的影响，与旋耕和免耕相比，深耕的纤维二糖水解酶活性分别显著提高了 96.43% 和 166.47%（$P<0.05$）；与 RTD、NTD 相比，DTD 的纤维二糖水解酶活性分别显著提高了 102.74% 和 217.14%（$P<0.05$）；与 RTS 和 NTS 相比，DTS 的纤维二糖水解酶活性分别显著提高了 90.05% 和 127.28%（$P<0.05$）。

纤维二糖水解酶水解纤维素产生纤维二糖，为土壤生物提供能源，其活性能反映土壤有机碳分解与转化的程度（Woo et al.，2014）。在本研究中，深耕显著提高了 20～40 cm 土层土壤纤维二糖水解酶活性，可能是因为深耕增加了 20～40 cm 土层中外源有机质的输入，给纤维二糖水解酶提供大量作用底物，因而激发了纤维二糖水解酶的活性（罗珠珠等，2012）。

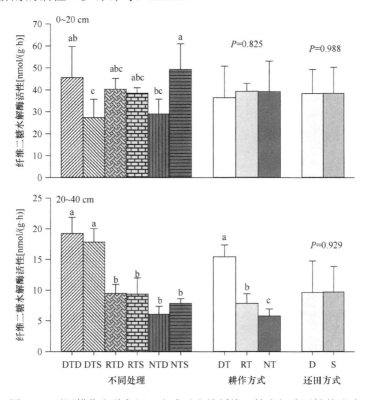

图 5-7　不同耕作和秸秆还田方式对土壤纤维二糖水解酶活性的影响

5.3.2.3 β-N-乙酰氨基葡萄糖苷酶

β-N-乙酰氨基葡萄糖苷酶是一种 n-靶向水解酶，参与纤维素水解，催化纤维素降解。不同耕作和秸秆还田方式对土壤 β-N-乙酰氨基葡萄糖苷酶活性的影响如图 5-8 所示。在 0～20 cm 土层中，土壤 β-N-乙酰氨基葡萄糖苷酶活性主要受到秸秆还田方式以及耕作方式和秸秆还田方式交互作用的影响。不同处理之间，RTD 处理的 β-N-乙酰氨基葡萄糖苷酶活性显著高于其他处理，与 DTD 和 NTD 相比，RTD 处理的 β-N-乙酰氨基葡萄糖苷酶活性分别显著提高了 114.07%和 82.30%（$P<0.05$）；从秸秆还田方式来看，双季秸秆还田酶活性显著高于单季秸秆还田（$P<0.05$）。在 20～40 cm 土层中，土壤 β-N-乙酰氨基葡萄糖苷酶活性主要受到耕作方式的影响，深耕显著提高了 β-N-乙酰氨基葡萄糖苷酶活性，酶活性最高的为 DTD 处理，为 8.80 nmol/（g·h），与 RTD 和 NTD 相比，DTD 的 β-N-乙酰氨基葡萄糖苷酶活性分别显著提高了 129.28%和 174.04%（$P<0.05$）；与 RTS 和 NTS 相比，DTS 的 β-N-乙酰氨基葡萄糖苷酶活性分别显著提高了 123.05%和 77.69%（$P<0.05$）。

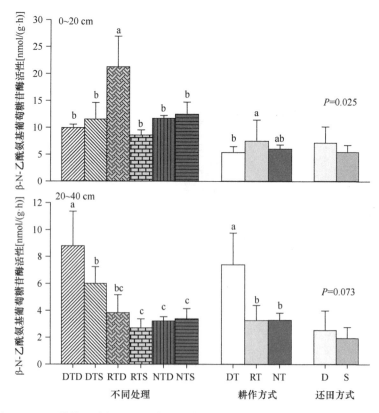

图 5-8　不同耕作和秸秆还田方式对土壤 β-N-乙酰氨基葡萄糖苷酶活性的影响

在本研究中，DTD 显著提高了 20～40 cm 土层的 β-N-乙酰氨基葡萄糖苷酶的活性。可能原因在于 DTD 增加了 20～40 cm 土层外源有机质的输入，满足微生物对养分的需求，促进了微生物生长和繁殖（刘红梅等，2020），增加了酶的分泌，提高了土壤中 β-N-乙酰氨基葡萄糖苷酶的含量，进而提高其活性。β-N-乙酰氨基葡萄糖苷酶、β-葡萄糖苷酶和纤维二糖水解酶均为纤维素水解酶，这些酶活性的增强会加快纤维素的水解，进而使土壤碳循环的速度增大（孙锋等，2014），产生更多土壤活性有机碳的主要成分，为活性有机碳转变为稳定的有机碳创造了条件（张英英等，2017）。

5.3.2.4 β-1,4-木糖苷酶

β-1,4-木糖苷酶水解半纤维素的主要成分木聚糖并产生木糖分子，为微生物生长提供碳源（Li et al.，2021）。不同耕作和秸秆还田方式对 β-1,4-木糖苷酶活性的影响如图 5-9 所示。0～20 cm 土层中，土壤 β-1,4-木糖苷酶活性受到耕作方式、秸秆还田方式以及耕作方式和秸秆还田方式交互作用的显著影响。其中 β-1,4-木糖苷酶活性最高的为 NTS 处理，比 RTS、DTS 的 β-1,4-木糖苷酶活性分别显著提高了 39.40%和 144.26%（$P<0.05$）；从耕作方式来看，免耕和旋耕的 β-1,4-木糖苷酶活性显著高于深耕；从秸秆还田方式来看，单季秸秆还田的 β-1,4-木糖苷酶活性显著高于双季秸秆还田（$P<0.05$）。在 20～40 cm 土层中，β-1,4-木糖苷酶活性主要受到耕作方式以及耕作方式和秸秆还田方式交互作用的影响。不同处理之间，RTD 的 β-1,4-木糖苷酶活性最高，与 NTD 相比，RTD 的 β-1,4-木糖苷酶活性显著提高了 106.13%（$P<0.05$）；与 DTS 相比，RTS 处理的 β-1,4-木糖苷酶活性显著提高了 71.31%（$P<0.05$）。从耕作方式来看，旋耕显著提高了 β-1,4-木糖苷酶活性；从秸秆还田方式来看，双季秸秆还田下酶活性高于单季秸秆还田，但差异不显著。

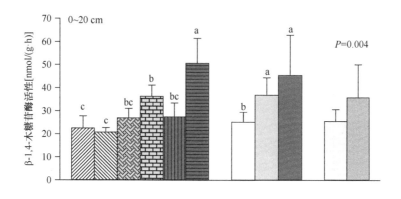

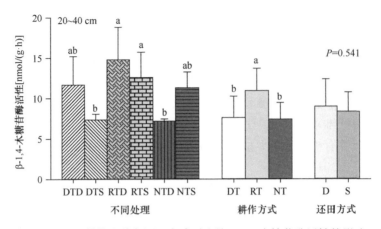

图 5-9　不同耕作和秸秆还田方式对土壤 β-1,4-木糖苷酶活性的影响

5.3.3　木质素降解酶

5.3.3.1　酚氧化酶

酚氧化酶主要来源于土壤微生物、植物根系分泌物及动植物残体分解释放，可催化土壤中芳香族化合物氧化成醌，醌类物质能够与土壤中蛋白质、氨基酸、糖类、矿物等物质反应生成有机质和色素，完成土壤芳香族化合物循环，对土壤环境修复具有重要意义。不同耕作和秸秆还田方式对酚氧化酶的影响如图 5-10 所示。在 0～20 cm 土层，酚氧化酶活性主要受秸秆还田方式的影响。双季秸秆还田的酚氧化酶活性显著高于单季秸秆还田，与 RTS 相比，RTD 的酚氧化酶活性显著提高了 96.19%（$P<0.05$）。在 20～40 cm 土层中，不同处理之间酚氧化酶活性差异不显著，其中 RTD 处理下酚氧化酶活性略高于其他处理。

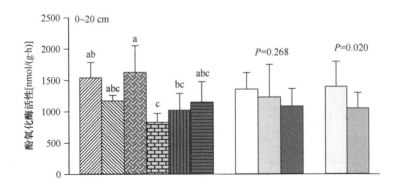

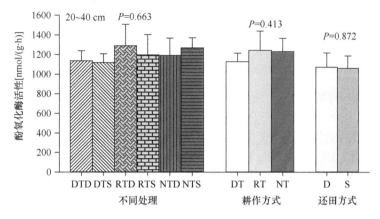

图 5-10　不同耕作和秸秆还田方式对土壤酚氧化酶活性的影响

5.3.3.2　过氧化物酶

过氧化物酶是土壤中的一种氧化还原酶，主要来源于土壤微生物，在腐殖质的形成过程中具有重要作用，其活性可表征土壤呼吸强度和微生物活动状况。研究结果表明（图 5-11），在 0～20 cm 土层中，过氧化物酶活性主要受到耕作方式

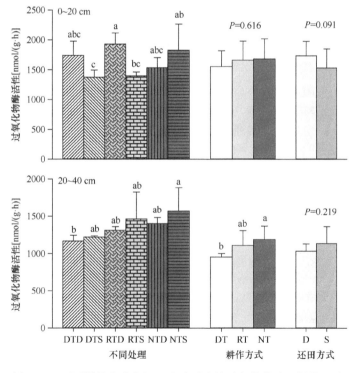

图 5-11　不同耕作和秸秆还田方式对土壤过氧化物酶活性的影响

和秸秆还田方式交互作用的影响。RTD 处理过氧化物酶活性最高。在 20～40 cm 土层中，过氧化物酶活性主要受到耕作方式的影响。与深耕相比，免耕显著提高了过氧化物酶的活性。

5.3.4 土壤胞外酶活性

土壤胞外酶活性（EEA）是反映土壤有机碳的周转和变化的重要指标，能及时反映微生物活动变化，现已被广泛用作土壤质量和生产力的指标（Luo et al.，2018）。在本节研究中用 EEA（C-acq）和 EEA（OX）来分别表示纤维素水解酶活性和木质素降解酶活性，用碳循环酶活性（C-cycle enzyme activity）来表示参与土壤碳循环相关酶的活性（表 5-5）。

表 5-5　不同耕作和秸秆还田方式对土壤胞外酶活性的影响

土层（cm）	处理	EEA（C-acq）	EEA（OX）	C-cycle enzyme activity
0～20	DTD	125.19±38.42a	1641.50±214.81ab	240.75±49.89a
	DTS	72.50±18.08b	1271.64±104.03bc	171.65±21.06b
	RTD	74.91±17.02b	1779.72±151.62a	219.50±25.16ab
	RTS	101.82±16.09ab	1112.87±80.79c	205.28±13.21ab
	NTD	84.05±24.67ab	1278.17±208.63bc	185.93±17.37b
	NTS	102.87±2.03ab	1490.10±324.14abc	251.99±17.74a
	交互作用	*	**	**
	耕作方式	ns	ns	ns
	DT	98.85±39.43	1456.57±252.64	206.20±51.04
	RT	88.37±20.90	1446.29±381.07	212.39±19.59
	NT	93.46±18.74	1384.14±270.02	218.96±39.44
	还田方式	ns	*	ns
	D	94.72±33.64	1566.46±280.18	215.39±37.80
	S	92.40±19.25	1291.54±239.81	209.64±38.13
20～40	DTD	43.91±2.98a	1152.73±58.94	123.67±9.17a
	DTS	28.26±5.92b	1169.32±50.42	100.49±6.11b
	RTD	16.28±3.18c	1301.78±125.87	89.26±12.49bc
	RTS	15.02±1.90cd	1329.92±285.77	84.44±4.84c
	NTD	10.20±0.26d	1297.68±125.71	65.79±3.29d
	NTS	14.50±0.04cd	1420.13±208.50	84.13±7.36c
	交互作用	***	ns	**
	耕作方式	***	ns	***
	DT	36.08±9.54a	1161.03±49.89	112.08±14.49a
	RT	15.65±2.44b	1315.85±198.09	86.85±8.87b

土层（cm）	处理	EEA（C-acq）	EEA（OX）	C-cycle enzyme activity
20～40	NT	12.35±2.36b	1358.90±167.95	74.96±11.27c
	还田方式	*	ns	ns
	D	23.46±15.71	1250.73±119.10	92.91±26.43
	S	19.26±7.44	1306.46±209.82	89.69±9.71

EEA（C-acq）在 0～20 cm 土层主要受耕作和秸秆还田方式交互作用的影响；在 20～40 cm 土层 EEA（C-acq）受到耕作方式、秸秆还田方式以及耕作和秸秆还田方式交互作用的影响，均以 DTD 处理效果最佳。在 20～40 cm 土层中，与 RTD 和 NTD 相比，DTD 的 EEA（C-acq）分别显著提高了 169.72% 和 330.49%（$P<0.05$）；与 RTS 和 NTS 相比，DTS 的 EEA（C-acq）分别显著提高了 88.15% 和 94.90%（$P<0.05$）。从耕作方式来看，与旋耕和免耕相比，深耕下 EEA（C-acq）分别显著提高了 130.54% 和 192.15%（$P<0.05$）；从秸秆还田方式来看，双季秸秆还田下 EEA（C-acq）显著高于单季秸秆还田（$P<0.05$）。

EEA（OX）在 0～20 cm 土层主要受到秸秆还田方式以及耕作方式和秸秆还田方式交互作用的影响，以 RTD 效果最佳。与 NTD 相比，RTD 的 EEA（OX）显著提高了 39.24%（$P<0.05$）；从秸秆还田方式来看，双季秸秆还田下 EEA（OX）显著高于单季秸秆还田，与 RTS 相比，RTD 的 EEA（OX）显著提高了 59.92%（$P<0.05$）。在 20～40 cm 土层，EEA（OX）主要受耕作方式的影响，旋耕和免耕下 EEA（OX）高于深耕（$P<0.05$）；单季秸秆还田下 EEA（OX）略高于双季秸秆还田，但差异不显著。

在 0～20 cm 土层中，C-cycle enzyme activity 主要受到耕作方式和秸秆还田方式交互作用的影响，以 NTS 效果最佳。在 20～40 cm 土层，C-cycle enzyme activity 主要受到耕作方式、耕作和秸秆还田方式交互作用的影响，以 DTD 效果最佳，与 RTD 和 NTD 相比，DTD 处理的 C-cycle enzyme activity 分别显著提高了 38.55% 和 87.98%（$P<0.05$）；从耕作方式来看，C-cycle enzyme activity 的表现为：深耕>旋耕>免耕，且差异达到了显著水平（$P<0.05$）；双季秸秆还田下 C-cycle enzyme activity 高于单季秸秆还田，但差异不显著。

在本节研究中，DTD 显著提高了 20～40 cm 土层除 β-1,4-木糖苷酶外水解酶的活性，可能原因是深耕配合双季秸秆还田增加了 20～40 cm 土层外源有机质的输入，提高了微生物可利用的活性有机碳含量，如可溶性有机碳，从而促使更多微生物生长和繁殖，使其分泌产生了更多的酶（王永慧等，2020；Tang et al.，2022），而提高了土壤中水解酶的活性，加速了有机碳库的周转。

本节中研究结果表明，参与土壤碳循环相关酶活性受到了耕作和秸秆还田方式的影响。除 0~20 cm 土层 β-1,4-木糖苷酶、纤维二糖水解酶及 20~40 cm 土层过氧化物酶外，双季秸秆还田均有利于酶活性的提高。水解酶的活性在两个土层中结果不同。在 0~20 cm 土层中，水解酶的趋势不明显，在 20~40 cm 土层中，与旋耕、免耕相比，深耕显著提高了 20~40 cm 土层中 EEA（C-acq）、蔗糖酶、β-葡萄糖苷酶、纤维二糖水解酶和 β-N-乙酰氨基葡萄糖苷酶活性，以深耕双季秸秆还田效果最佳。降解木质素的酶活性趋势不显著。在 0~20 cm 土层中，旋耕双季秸秆还田处理的 EEA（OX）效果最佳。

基于本章三节的研究结果，不同耕作和秸秆还田方式中，免耕由于大量的秸秆覆盖于农田土壤表面，对土壤的扰动少，增强了土壤团聚体的稳定性，从而有利于 0~20 cm 土层土壤有机碳的积累，因此免耕尤其是免耕双季秸秆还田更有利于 0~20 cm 土层土壤有机碳的固定。深耕尤其是深耕双季秸秆还田由于增加了 20~40 cm 土层外源碳的输入而提高了参与土壤碳循环相关水解酶活性，增加了土壤活性有机碳组分含量和烷氧基碳比例，增加了土壤有效碳库量，从而有利于 20~40 cm 土层有机碳周转与积累。

参 考 文 献

陈晓芬, 李忠佩, 刘明, 等. 2013. 不同施肥处理对红壤水稻土团聚体有机碳、氮分布和微生物生物量的影响. 中国农业科学, 46(5): 950-960.

高洪军, 彭畅, 张秀芝, 等. 2020. 秸秆还田量对黑土区土壤及团聚体有机碳变化特征和固碳效率的影响. 中国农业科学, 53(22): 4613-4622.

高明, 周保同, 魏朝富, 等. 2004. 不同耕作方式对稻田土壤动物、微生物及酶活性的影响研究. 应用生态学报, (1): 1177-1181.

皇甫呈惠, 孙筱璐, 刘树堂, 等. 2020. 长期定位秸秆还田对土壤团聚体及有机碳组分的影响. 华北农学报, 35(3): 153-159.

李景, 吴会军, 武雪萍, 等. 2015. 长期保护性耕作提高土壤大团聚体含量及团聚体有机碳的作用. 植物营养与肥料学报, 21(2): 378-386.

李锡锋, 许丽, 张守福, 等. 2020. 砂姜黑土麦玉农田土壤团聚体分布及碳氮含量对不同耕作方式的响应. 山东农业科学, 52(3): 52-59.

刘红梅, 李睿颖, 高晶晶, 等. 2020. 保护性耕作对土壤团聚体及微生物学特性的影响研究进展. 生态环境学报, 29(6): 1277-1284.

路文涛, 贾志宽, 张鹏, 等. 2011. 秸秆还田对宁南旱作农田土壤活性有机碳及酶活性的影响. 农业环境科学学报, 30(3): 522-528.

罗珠珠, 黄高宝, 蔡立群, 等. 2012. 不同耕作方式下春小麦生育期土壤酶时空变化研究. 草业学报, 21(6): 94-101.

孟婷婷, 孔辉. 2019. 耕作方式对黄土旱塬土壤有机碳和全氮含量的影响. 农村经济与科技, 30(9): 11-12.

祁剑英, 马守田, 刘冰洋, 等. 2020. 保护性耕作对土壤有机碳稳定化影响的研究进展. 中国农业大学学报, 25(1): 1-9.

孙锋, 赵灿灿, 李江涛, 等. 2014. 与碳氮循环相关的土壤酶活性对施用氮磷肥的响应. 环境科学学报, 34(4): 1016-1023.

孙建, 刘苗, 李立军, 等. 2009. 免耕与留茬对土壤微生物量 C、N 及酶活性的影响. 生态学报, 29(10): 5508-5515.

田慎重, 李增嘉, 宁堂原, 等. 2010. 不同耕作方式和秸秆还田对麦田土壤有机碳含量的影响. 应用生态学报, 21(2): 373-378.

田慎重, 张玉凤, 边文范, 等. 2020. 深松和秸秆还田对旋耕农田土壤有机碳活性组分的影响. 农业工程学报, 36(2): 185-192.

万忠梅, 郭岳, 郭跃东. 2011. 土地利用对湿地土壤活性有机碳的影响研究进展. 生态环境学报, 20(3): 567-570.

万忠梅, 宋长春. 2008. 小叶章湿地土壤酶活性分布特征及其与活性有机碳表征指标的关系. 湿地科学, (2): 249-257.

王朔林, 王改兰, 赵旭, 等. 2015. 长期施肥对栗褐土有机碳含量及其组分的影响. 植物营养与肥料学报, 21(1): 104-111.

王永慧, 轩清霞, 王丽丽, 等. 2020. 不同耕作方式对土壤有机碳矿化及酶活性影响研究. 土壤通报, 51(4): 876-884.

王勇, 姬强, 刘帅, 等. 2012. 耕作措施对土壤水稳性团聚体及有机碳分布的影响. 农业环境科学学报, 31(7): 1365-1373.

闫雷, 董天浩, 喇乐鹏, 等. 2020. 免耕和秸秆还田对东北黑土区土壤团聚体组成及有机碳含量的影响. 农业工程学报, 36(22): 181-188.

杨敏芳, 朱利群, 韩新忠, 等. 2013. 不同土壤耕作措施与秸秆还田对稻麦两熟制农田土壤活性有机碳组分的短期影响. 应用生态学报, 24(5): 1387-1393.

张璐, 张文菊, 徐明岗, 等. 2009. 长期施肥对中国 3 种典型农田土壤活性有机碳库变化的影响. 中国农业科学, 42(5): 1646-1655.

张秀芝, 李强, 高洪军, 等. 2020. 长期施肥对黑土水稳性团聚体稳定性及有机碳分布的影响. 中国农业科学, 53(6): 1214-1223.

张英英, 蔡立群, 武均, 等. 2017. 不同耕作措施下陇中黄土高原旱作农田土壤活性有机碳组分及其与酶活性间的关系. 干旱地区农业研究, 35(1): 1-7.

张志毅, 熊桂云, 吴茂前, 等. 2020. 有机培肥与耕作方式对稻麦轮作土壤团聚体和有机碳组分的影响. 中国生态农业学报(中英文), 28(3): 405-412.

章明奎, 郑顺安, 王丽平. 2007. 利用方式对砂质土壤有机碳、氮和磷的形态及其在不同大小团聚体中分布的影响. 中国农业科学, (8): 1703-1711.

赵继浩, 李颖, 钱必长, 等. 2019. 秸秆还田与耕作方式对麦后复种花生田土壤性质和产量的影响. 水土保持学报, 33(5): 272-280.

Balota E L, Colozzi Filho A, Andrade D S, et al. 2004. Long-term tillage and crop rotation effects on microbial biomass and C and N mineralization in a Brazilian Oxisol. Soil & Tillage Research, 77(2): 137-145.

Blair G J, Lefroy R D B, Lisle L. 1995. Soil carbon fractions based on their degree of oxidation, and the development of a carbon management index for agricultural systems. Australian Journal of Agricultural Research, 46(7): 1459-1466.

Castro Filho C, Lourenço A, de F Guimarães M, et al. 2002. Aggregate stability under different soil management systems in a red latosol in the state of Parana, Brazil. Soil & Tillage Research, 65(1): 45-51.

Chen H, Liang Q, Gong Y, et al. 2019. Reduced tillage and increased residue retention increase enzyme activity and carbon and nitrogen concentrations in soil particle size fractions in a long-term field experiment on Loess Plateau in China. Soil & Tillage Research, 194: 104296.

Ferreira C D R, Silva Neto E C D, Pereira M G, et al. 2020. Dynamics of soil aggregation and organic carbon fractions over 23 years of no-till management. Soil & Tillage Research, 198: 104533.

He L, Lu S, Wang C, et al. 2021. Changes in soil organic carbon fractions and enzyme activities in response to tillage practices in the Loess Plateau of China. Soil & Tillage Research, 209: 104940.

Li Y, Li Z, Cui S, et al. 2021. Microbial-derived carbon components are critical for enhancing soil organic carbon in no-tillage croplands: A global perspective. Soil & Tillage Research, 205: 104758.

Luo G, Rensing C, Chen H, et al. 2018. Deciphering the associations between soil microbial diversity and ecosystem multifunctionality driven by long-term fertilization management. Functional Ecology, 32: 1103-1116.

Martínez E, Fuentes J, Pino V, et al. 2013. Chemical and biological properties as affected by no-tillage and conventional tillage systems in an irrigated Haploxeroll of Central Chile. Soil & Tillage Research, 126: 238-245.

Mbuthia L W, Acosta-Martínez V, DeBruyn J, et al. 2015. Long term tillage, cover crop, and fertilization effects on microbial community structure, activity: Implications for soil quality. Soil Biology & Biochemistry, 89: 24-34.

Nandan R, Singh V, Singh S S, et al. 2019. Impact of conservation tillage in rice-based cropping systems on soil aggregation, carbon pools and nutrients. Geoderma, 340: 104-114.

Pandey D, Agrawal M, Bohra J S. 2014. Effects of conventional tillage and no tillage permutations on extracellular soil enzyme activities and microbial biomass under rice cultivation. Soil & Tillage Research, 136: 51-60.

Powlson D S, Stirling C M, Jat M L, et al. 2014. Limited potential of no-till agriculture for climate change mitigation. Nature Climate Change, 4(8): 678-683.

Qi J, Han S, Lin B, et al. 2022. Improved soil structural stability under no-tillage is related to increased soil carbon in rice paddies: Evidence from literature review and field experiment. Environmental Technology and Innovation, 26: 102248.

Schmidt M W I, Torn M S, Abiven S, et al. 2011. Persistence of soil organic matter as an ecosystem property. Nature, 478(7367): 49-56.

Singhania R R, Patel A K, Sukumaran R K, et al. 2013. Role and significance of beta-glucosidases in the hydrolysis of cellulose for bioethanol production. Bioresource Technology, 127: 500-507.

Sithole N J, Magwaza L S, Thibaud G R. 2019. Long-term impact of no-till conservation agriculture and N-fertilizer on soil aggregate stability, infiltration and distribution of C in different size fractions. Soil & Tillage Research, 190: 147-156.

Six J, Elliott E T, Paustian K. 2000. Soil macroaggregate turnover and microaggregate formation: a mechanism for C sequestration under no-tillage agriculture. Soil Biology & Biochemistry, 32(14): 2099-2103.

Tang H, Shi L, Li C, et al. 2022. Effects of short-term tillage managements on rhizosphere soil-labile organic carbon fractions and their hydrolytic enzyme activity under a double-cropping rice field regime in Southern China. Land Degradation and Development, 33: 832-843.

Wang B, Gao L, Yu W, et al. 2019. Distribution of soil aggregates and organic carbon in deep soil under long-term conservation tillage with residual retention in dryland. Journal of Arid Land, 11(2): 241-254.

Waters A G, Oades J M. 2003. Organic matter in water-stable aggregates. Advances in soil organic matter research, 90: 163-174.

Woo H L, Hazen T C, Simmons B A, et al. 2014. Enzyme activities of aerobic lignocellulolytic bacteria isolated from wet tropical forest soils. Systematic and Applied Microbiology, 37(1): 60-67.

Zeller B, Dambrine E. 2011. Coarse particulate organic matter is the primary source of mineral N in the topsoil of three beech forests. Soil Biology & Biochemistry, 43(3): 542-550.

第6章　耕作和秸秆还田方式对小麦—玉米周年农田氮效率的影响

秸秆还田通过调节无机氮、有机氮和微生物氮的周转与分布，减少氮素的淋溶和气体排放等环境损失，促进氮素利用效率的提升。国内外的研究基本达成共识，秸秆长期还田能够提高土壤氮储量。小麦—玉米一年两熟轮作下，秸秆还田促进氮素在作物根系分布密集的上层土壤中累积，利于作物对氮素的吸收利用。此外，秸秆还田替代部分氮肥，减少氮肥投入，降低土壤硝态氮残留和 N_2O 排放，直接提高了肥料氮的利用效率。其影响途径主要是作物氮素吸收和土壤氮素的周转。我们团队基于长期定位试验和不同生态区定位监测试验的研究结果表明，秸秆还田对提高小麦和玉米的干物质积累量、籽粒产量和籽粒氮收获量有显著的积极效应。相关研究也发现秸秆还田显著促进了物质和养分转运，其中玉米花前茎和叶等营养器官对籽粒干物质及氮素转运的贡献率分别超过 12% 和 44%，极大地提高了籽粒氮含量和氮素利用效率。

通过耕作与秸秆还田改善耕地性状、提高农田氮素利用率对粮食绿色生产具有重要的意义。秸秆还田通过匹配不同耕作方式实现覆盖、浅埋和深埋还田，不同程度上改善了水、肥、气、热等土壤理化和生物性状，调控土壤氮素更多地向作物分配，是实现农田氮高效的重要途径（Liu et al.，2016；Zhang et al.，2021）。研究发现免耕条件下秸秆覆盖还田增加了 $0\sim5$ cm 土层氨化细菌的数量，减少了亚硝化细菌的数量，有利于减少氮素损失。与免耕条件下秸秆覆盖还田相比，秸秆深埋还田有效地改善了播前底墒，有利于土壤氮素的积累，显著提高了氮肥吸收效率和氮肥偏生产力（赵杰等，2021）。旋耕条件下秸秆浅埋还田相对更利于微生物的呼吸和秸秆氮的释放及作物吸收利用（王淳云等，2021）。但是，目前小麦—玉米周年种植制度下耕作与秸秆还田优化组合协同促进作物氮素高效利用的研究不够系统。因此，本章以小麦—玉米一年两熟农田为研究对象，设置不同的耕作方式和秸秆还田处理，分析不同耕作与秸秆还田对小麦—玉米周年农田氮输入量、土壤氮分布、作物氮素吸收利用和农田氮损失差异，以期为科学指导农田耕作和秸秆还田提供支持，促进农田生产系统的绿色可持续发展。

本章涉及的大田定位试验位于山东省农业科学院玉米研究所龙山试验基地（117°32′E，36°43′N）。大田采取裂区试验设计，主区为小麦播前旋耕 20 cm（RT）、深耕 35 cm（DT）和免耕（NT）3 种耕作方式；副区为小麦—玉米秸秆双季秸秆全还田（D）和小麦秸秆单季秸秆全还田（S）2 种秸秆还田方式，共 6 个处理（表 6-1），每个处理 3 次重复，共 18 个小区，小区大小均为 6 m×45 m。还田的秸秆在小麦和玉米收获时粉碎，后随耕作方式的不同翻入土壤或覆在地表；不还田的玉米秸秆移除饲用，不计入氮损失。冬小麦种植品种为济麦 22，于每年的 10 月 15 日前后播种，宽幅精播（行距约 24 cm，幅宽约 8 cm），播量为 172.5 kg/hm²，6 月 15 日前后收获；夏玉米种植品种为鲁单 9066，于每年 6 月 21 日前后播种，免耕直播（行距为 60 cm），种植密度为 75 000 株/hm²，10 月 8 日前后收获。在小麦和玉米播种前，均施用 600 kg/hm² 复合肥（N∶P₂O₅∶K₂O 为 17∶17∶17）作基肥；小麦拔节期和玉米大喇叭口期均追施尿素 225 kg/hm²，所有处理均按统一大田管理。

表 6-1　试验地耕作与秸秆还田处理

处理	耕作方式	秸秆还田方式
深耕双季秸秆还田（DTD）	小麦播前深耕（35 cm）+玉米免耕直播	麦秸还田+玉米秸还田
深耕单季秸秆还田（DTS）	小麦播前深耕（35 cm）+玉米免耕直播	麦秸还田+玉米秸收获饲用
旋耕双季秸秆还田（RTD）	小麦播前旋耕（20 cm）+玉米免耕直播	麦秸还田+玉米秸还田
旋耕单季秸秆还田（RTS）	小麦播前旋耕（20 cm）+玉米免耕直播	麦秸还田+玉米秸收获饲用
免耕双季秸秆还田（NTD）	小麦播前免耕+玉米免耕直播	麦秸还田+玉米秸还田
免耕单季秸秆还田（NTS）	小麦播前免耕+玉米免耕直播	麦秸还田+玉米秸收获饲用

6.1　小麦—玉米周年氮输入量差异

6.1.1　氮输入量计算

氮输入量（N_{input}）主要由作物地上部残体和肥料氮输入量组成，如公式所示：
$$N_{input} = N_{straw} + N_{stubble} + N_{root} + N_{fertilizer}$$
式中，N_{straw}、$N_{stubble}$、N_{root} 分别为作物的秸秆、残茬和根系的氮输入量，$N_{fertilizer}$ 为肥料氮输入量，小麦对应秸秆、残茬和根系为地上部残体生物量的 74%、26% 和 24%，玉米对应秸秆、残茬和根系为地上部残体生物量的 97%、3% 和 29%，根据基肥和追施尿素量计算，小麦和玉米季肥料氮输入量均为 205.5 kg/hm²。

6.1.2　耕作和秸秆还田方式对小麦季氮输入量的影响

小麦季氮输入量主要受秸秆还田方式的影响（图 6-1）。各处理肥料氮施入量一致，玉米秸秆、残茬和根系还田量的不同是导致小麦季氮输入总量差异的主要原因。双季秸秆还田下，不同耕作方式的平均氮输入量为 372.65 kg/hm²。与双季秸秆还田处理相比，不同耕作方式下单季秸秆还田的氮输入量降低了 40.24%～

44.50%。秸秆还田与耕作方式互作进一步影响了小麦季氮输入量。单季秸秆还田下旋耕处理的氮输入量最低，为 213.50 kg/hm²，较最高的双季秸秆还田旋耕处理（传统方式）的 384.72 kg/hm² 减少了 44.51%。

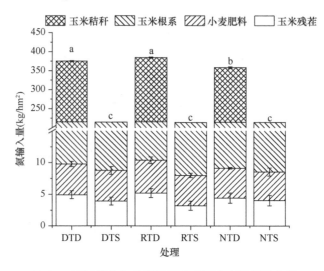

图 6-1　不同耕作与秸秆还田方式下小麦季氮输入量

DTD，深耕双季秸秆还田；DTS，深耕单季秸秆还田；RTD，旋耕双季秸秆还田；RTS，旋耕单季秸秆还田；NTD，免耕双季秸秆还田；NTS，免耕单季秸秆还田。不同字母表示处理差异显著（$P<0.05$）。下同

6.1.3　耕作和秸秆还田方式对玉米季氮输入量的影响

耕作和秸秆还田方式对玉米季氮输入量的影响小于小麦季（图 6-2）。单季秸

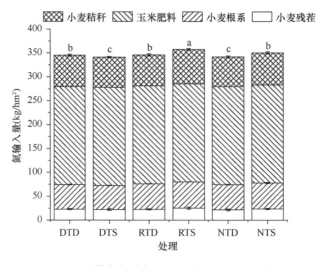

图 6-2　不同耕作与秸秆还田方式下玉米季氮输入量

秆还田下，不同耕作方式的平均氮输入量为 349.54 kg/hm²，与双季秸秆还田相比差异不显著。单季秸秆还田下，旋耕处理的氮输入量最高，为 357.19 kg/hm²，显著大于深耕和免耕处理。双季秸秆还田下，免耕处理的农田氮输入量最小，为 341.75 kg/hm²，而深耕和旋耕处理间的氮输入量差异不显著。通过对比不同耕作与秸秆还田处理的玉米季氮输入量发现，单季秸秆还田下旋耕处理的氮输入量最高。

6.1.4 耕作和秸秆还田方式对小麦—玉米周年氮输入量的影响

小麦—玉米周年氮输入量主要受秸秆还田方式的影响，同时也受耕作与秸秆还田交互作用的影响（图 6-3）。不同秸秆还田方式下秸秆还田量的差异显著，秸秆氮投入的不同是导致双季秸秆还田处理周年氮输入量显著高于单季秸秆还田的主要原因。单季秸秆还田下，不同耕作处理的平均周年氮输入量为 563.48 kg/hm²，较双季秸秆还田显著降低了 21.40%。与双季秸秆还田相比，单季秸秆还田下深耕、旋耕和免耕处理的周年氮输入量分别降低了 22.87%、21.89%和 19.39%。耕作与秸秆还田交互作用进一步影响了周年氮输入量。

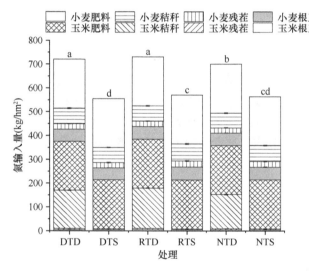

图 6-3　不同耕作与秸秆还田方式下小麦—玉米周年氮输入量

6.2　小麦—玉米周年作物生产与氮利用

6.2.1 耕作和秸秆还田方式对作物籽粒产量的影响

小麦产量受耕作方式的影响显著，而受还田方式的影响不显著（表 6-2）。单季秸秆还田下不同耕作方式的平均产量为 7.32 t/hm²，与双季秸秆还田处理相比，平均提高了 0.97%。其中，与双季秸秆还田相比，单季秸秆还田下深耕处理的产量降低了 1.23%，而旋耕和免耕处理的产量分别增加了 3.32%和 0.56%。结果表明，单季秸秆还田配合旋耕能够提高小麦产量，双季秸秆还田下深耕也能一定程度上促进小麦增产。

表 6-2　不同耕作与秸秆还田方式下小麦产量及构成因素

处理	穗数 （×10⁴/hm²）	穗粒数	千粒重 （g）	产量 （t/hm²）
DTD	48.35±1.35 b	32±1.41 b	36.27±1.46 ab	7.34±0.06 ab
DTS	48.48±1.51 ab	32±1.22 b	36.19±1.43 ab	7.25±0.21 b
RTD	47.54±1.22 bc	34±1.32 ab	35.45±1.24 b	7.22±0.15 b
RTS	49.26±1.14 a	34±1.11 ab	36.68±1.08 a	7.46±0.11 a
NTD	47.16±1.33 c	34±1.24 ab	36.43±1.25 ab	7.20±0.16 b
NTS	49.00±1.82 a	35±1.51 a	35.77±1.16 b	7.24±0.13 b
ANOVA				
耕作方式	**	***	ns	*
还田方式	ns	ns	ns	ns
耕作×还田	ns	ns	ns	ns

耕作方式主要影响了小麦的公顷穗数及穗粒数，而没有显著影响千粒重。与双季秸秆还田相比，不同耕作方式下单季秸秆还田的亩穗数为 48.91 万株/亩，增加了 2.58%。其中，与双季秸秆还田相比，单季秸秆还田下深耕、旋耕和免耕处理的亩穗数分别增加了 0.27%、3.62%和 3.90%。与双季秸秆还田相比，仅免耕处理下单季秸秆还田的穗粒数增加了 2.94%，而深耕和旋耕没有显著影响。

玉米产量受耕作方式、秸秆还田方式及两者交互作用的显著影响（表 6-3）。单季秸秆还田下不同耕作方式的平均产量为 8.73 t/hm²，与双季秸秆还田处理相比，平均提高了 5.69%。其中，与双季秸秆还田相比，深耕处理下单季秸秆还田的产量降低了 2.91%，而旋耕和免耕处理下单季秸秆还田的产量分别增加了 10.07%和11.93%。结果表明，单季秸秆还田配合旋耕能够促进玉米产量增加，双季秸秆还田下深耕也能促进玉米产量增加。

表 6-3　不同耕作与秸秆还田方式下玉米产量及构成因素

处理	穗数 （×10⁴/hm²）	穗粒数	千粒重 （g）	产量 （t/hm²）
DTD	7.25±0.14 a	399±9.64 ab	320.82±8.30 a	9.28±0.21 a
DTS	7.10±0.53 a	405±8.68 ab	314.89±6.83 b	9.01±0.11 ab
RTD	6.67±0.17 b	408±6.98 ab	314.14±6.65 b	8.54±0.13 b
RTS	7.11±0.61 a	418±7.83 a	316.59±6.74 ab	9.40±0.14 a
NTD	6.59±0.47 b	335±6.39 c	315.50±7.13 ab	6.96±0.25 d
NTS	6.60±0.11 b	377±4.32 b	313.03±4.19 b	7.79±0.09 c

续表

处理	穗数 ($\times 10^4$/hm^2)	穗粒数	千粒重 (g)	产量 (t/hm^2)
ANOVA				
耕作方式	**	***	ns	***
还田方式	ns	***	ns	***
耕作×还田	ns	**	ns	**

　　耕作方式主要影响了玉米的公顷穗数和穗粒数，而没有显著影响千粒重。秸秆还田方式及其与耕作方式的交互作用均显著影响了玉米的穗粒数，而没有显著影响穗数和千粒重。与双季秸秆还田相比，单季秸秆还田下不同耕作方式的平均每公顷穗数为 6.94 万株，提高了 1.46%。

　　耕作和秸秆还田方式均显著影响了小麦—玉米周年产量，而两者交互作用影响不显著（图 6-4）。单季秸秆还田下不同耕作方式的平均产量为 16.05 t/hm^2，与双季秸秆还田处理相比，平均提高了 3.50%。其中，与双季秸秆还田相比，深耕处理下单季秸秆还田的产量降低了 2.17%，而旋耕和免耕处理的产量分别增加了 6.98% 和 6.14%。结果表明，单季秸秆还田配合旋耕或者免耕能够促进周年产量增加，双季秸秆还田下深耕也能促进周年产量增加。单季秸秆还田配合免耕获得的周年产量虽然大于双季秸秆还田配合免耕，但小于双季秸秆还田配合深耕。单季秸秆还田配合旋耕能够获得 16.86 t/hm^2 的最大周年产量，是最利于小麦—玉米周年产量提升的组合。

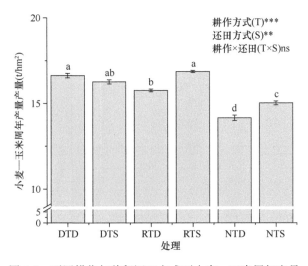

图 6-4　不同耕作与秸秆还田方式下小麦—玉米周年产量

6.2.2 耕作和秸秆还田方式对作物地上部生物量的影响

小麦地上部生物量受耕作与秸秆还田方式的显著影响（图 6-5）。单季秸秆还田下，不同耕作方式的平均地上部生物量为 23.96 t/hm²，较双季秸秆还田处理平均提高了 4.98%。其中，深耕处理下单季秸秆还田处理的产量较双季秸秆还田降低了 3.07%，而旋耕和免耕处理下单季秸秆还田处理的产量较双季秸秆还田分别增加了 10.22%和 8.10%。单季秸秆还田配合旋耕处理的小麦地上部生物量最高，为 25.23 t/hm²，较传统的双季秸秆还田配合旋耕显著提高了 9.3%。与传统方式相比，双季秸秆还田深耕和单季秸秆还田免耕处理分别提高了 2.5%和 4.2%。结果表明，单季秸秆还田配合旋耕或者免耕能够促进小麦地上部生物量增加，双季秸秆还田下深耕也能促进小麦地上部生物量增加。因此，单季秸秆还田配合旋耕处理更利于小麦地上部生物量的积累。

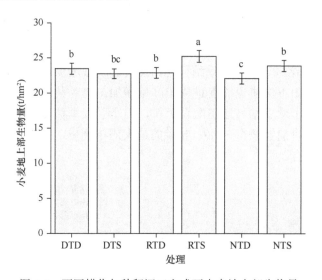

图 6-5　不同耕作与秸秆还田方式下小麦地上部生物量

耕作与秸秆还田方式对玉米地上部生物量的影响小于小麦（图 6-6）。不同耕作与秸秆还田方式下玉米地上部生物量范围为 24.22～26.68 t/hm²。单季秸秆还田下不同耕作方式的平均地上部生物量为 24.61 t/hm²，与双季秸秆还田处理相比，平均降低了 0.98 t/hm²。深耕、旋耕和免耕处理下，单季秸秆还田处理较双季秸秆还田分别降低 3.55%、5.25%和 2.60%。结果表明，双季秸秆还田配合旋耕更利于玉米地上部生物量的积累。

不同耕作和秸秆还田方式影响了小麦—玉米周年地上部生物量（图 6-7）。单季秸秆还田下，不同耕作方式的平均周年地上部生物量为 48.57 t/hm²，较双季秸

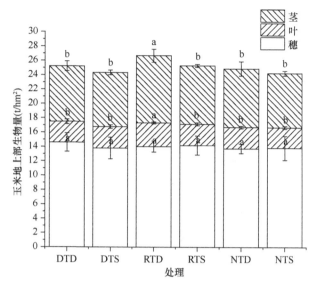

图 6-6　不同耕作与秸秆还田方式下玉米地上部生物量

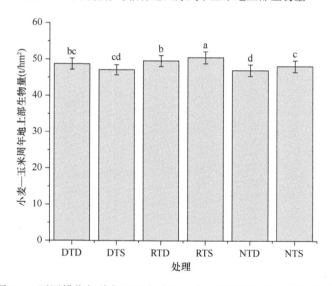

图 6-7　不同耕作与秸秆还田方式下小麦—玉米周年地上部生物量

秆还田处理仅提高了 0.32%。与免耕和深耕处理的地上部生物量相比，不同秸秆还田方式下旋耕处理平均周年地上部生物量分别高 4.46% 和 5.26%。其中，与双季秸秆还田相比，深耕处理下单季秸秆还田的周年地上部生物量降低了 3.31%，而旋耕和免耕处理下的单季秸秆还田产量分别增加了 1.89% 和 2.43%。结果表明，单季秸秆还田配合旋耕或者免耕能够促进周年产量增加，双季秸秆还田下深耕也能促进周年产量增加。因此，单季秸秆还田配合旋耕更利于周年地上部生物量积累。

6.2.3 耕作和秸秆还田方式对氮素利用的影响

耕作与秸秆还田方式对小麦植株全氮含量的影响较小（图 6-8）。单季秸秆还田下，不同耕作方式处理的小麦植株平均全氮含量为 7.59 g/kg，较双季秸秆还田处理仅提高了 0.21%。深耕、旋耕和免耕处理下，秸秆还田处理的平均小麦植株全氮含量分别为 7.53 g/kg、7.64 g/kg 和 7.57 g/kg。

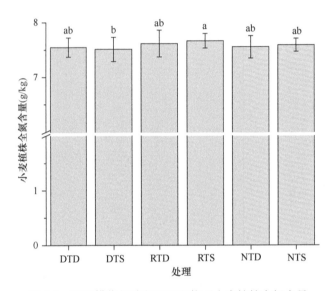

图 6-8   不同耕作与秸秆还田方式下小麦植株全氮含量

不同耕作与秸秆还田方式下玉米植株全氮含量不同（图6-9）。单季秸秆还田下不同耕作方式的玉米植株平均全氮含量为11.22 g/kg，较双季秸秆还田处理降低了2.02%。深耕和旋耕处理下，单季秸秆还田处理的植株全氮含量分别比双季秸秆还田降低4.75%和2.95%；免耕处理下，单季秸秆还田处理的植株全氮含量比双季秸秆还田提高了1.90%。其中，双季秸秆还田配合旋耕处理的玉米植株全氮含量最高，为11.75 g/kg。

周年植株氮素吸收量受秸秆还田方式的影响较小，但受秸秆还田与耕作方式交互作用的显著影响（图 6-10）。不同耕作方式下，单季秸秆还田的小麦—玉米周年植株氮素吸收量和双季秸秆还田相比仅相差 1.32 kg/hm^2。与双季秸秆还田相比，单季秸秆还田下深耕的周年植株氮素吸收量降低了 3.46%，旋耕和免耕分别提高了 0.83%和 1.79%。同时，双季秸秆还田深耕处理的周年植株氮素吸收量最高，较传统方式显著提高了 2.0%。因此，双季秸秆还田配合深耕处理更利于周年植株氮吸收利用。

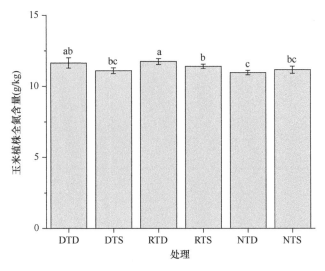

图 6-9　不同耕作与秸秆还田处理下玉米植株全氮含量

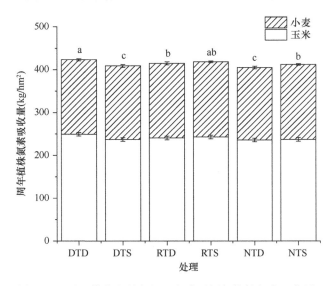

图 6-10　不同耕作和秸秆还田方式下周年植株氮素吸收量

6.3　小麦—玉米周年土壤氮含量

6.3.1　耕作和秸秆还田方式对土壤全氮的影响

小麦收获期土壤全氮含量受秸秆还田方式、耕作方式及两者交互作用的显著影响（图 6-11）。单季秸秆还田下，不同耕作方式处理 0～100 cm 土壤的平均全氮含量为 5.60 g/kg，较双季秸秆还田降低了 5.42%。与旋耕处理相比，深耕和免耕处理下两种秸秆还田方式的平均小麦收获期土壤全氮含量分别提高了 6.53%和降低了 1.59%。耕作和秸秆还田方式交互作用下，仅双季秸秆还田配合深耕较传统方式增加了小麦收获期土壤全氮含量，比传统方式提高了 2.60%；而其他处理小麦收获期土壤全氮含量均降低，其中单季秸秆还田配合旋耕的影响最大，与传统方式相比显著降低了 12.70%。

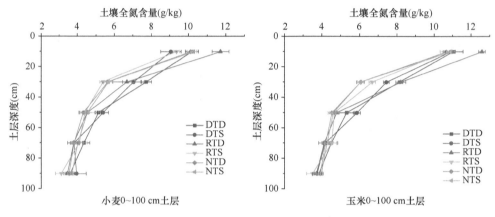

图 6-11　不同耕作与秸秆还田方式下 0～100 cm 小麦、玉米土壤全氮含量

不同耕作与秸秆还田方式对玉米收获期土壤全氮含量的影响规律与小麦基本一致。与双季秸秆还田相比，单季秸秆还田下不同耕作方式的平均全氮含量降低了 3.85%。深耕、旋耕和免耕处理下，两种秸秆还田方式的平均玉米收获期土壤全氮含量分别为 6.50 g/kg、6.35 g/kg 和 5.93 g/kg。耕作和秸秆还田方式交互作用下，双季秸秆还田配合旋耕处理的土壤全氮含量最高，为 6.69 g/kg，其他处理的土壤全氮含量较传统方式降低了 1.78%～12.03%。

6.3.2　耕作和秸秆还田方式对土壤硝态氮含量的影响

小麦收获期土壤硝态氮含量受耕作与秸秆还田方式的显著影响（图 6-12）。单季秸秆还田下，不同耕作方式处理 0～100 cm 土壤的平均硝态氮含量为 14.32 mg/kg，较双季秸秆还田降低了 14.44%。与旋耕处理相比，深耕处理下两种秸秆还田方式的平均土壤硝态氮含量降低了 3.15%，免耕处理下两种秸秆还田方式的平均土壤硝态氮含量增加了 9.39%。耕作和秸秆还田方式交互作用下，双季秸秆还田配合免耕增加了小麦收获期土壤硝态氮含量，与传统方式相比提高了

3.63%；其他处理均降低了小麦收获期土壤硝态氮含量，比传统方式显著降低了 10.97%～23.88%。

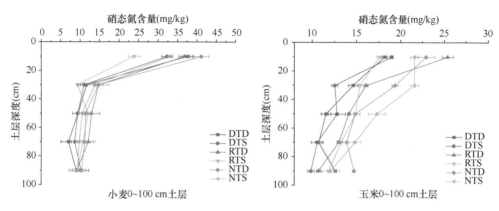

图 6-12　不同耕作与秸秆还田方式下 0～100 cm 小麦、玉米土壤硝态氮含量

秸秆还田方式对玉米收获期土壤硝态氮的影响较小。单季秸秆和双季秸秆还田下，不同耕作方式处理 0～100 cm 土壤的平均土壤硝态氮含量分别为 15.03 mg/kg 和 15.54 mg/kg。玉米收获期土壤硝态氮含量受耕作方式的显著影响。与旋耕相比，深耕处理显著降低了玉米收获期土壤硝态氮含量，降低了 12.94%；而免耕处理显著增加了玉米收获期土壤硝态氮含量，增加了 13.65%。耕作和秸秆还田方式交互作用下，单季秸秆还田配合免耕处理玉米收获期土壤硝态氮含量最大，为 17.49 mg/kg。

6.4　小麦—玉米周年农田氮损失

6.4.1　耕作和秸秆还田方式对小麦季农田氮损失的影响

小麦季农田氮损失受耕作方式、秸秆还田方式及两者交互作用的显著影响（图 6-13）。单季秸秆还田下，不同耕作方式的平均小麦季农田氮损失为 53.08 kg/hm²，显著低于双季秸秆还田处理的 227.24 kg/hm²。在双季秸秆还田处理下，深耕处理农田氮损失最高，为 255.77 kg/hm²，免耕处理农田氮损失最低，为 200.84 kg/hm²；单季秸秆还田处理下，免耕处理农田氮损失最高，为 96.28 kg/hm²，深耕处理农田氮损失最低，为 23.90 kg/hm²。结果表明，单季秸秆还田配合深耕更有利于减少小麦季农田氮损失。主要是因为单季秸秆还田减少了农田秸秆氮投入，同时深耕处理增加了土壤农田氮储量。

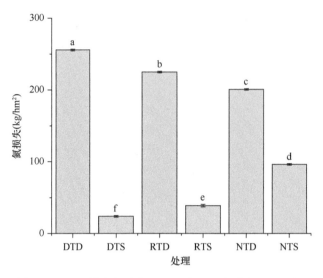

图 6-13 不同耕作与秸秆还田方式下小麦季农田氮损失

6.4.2 耕作和秸秆还田方式对玉米季农田氮损失的影响

耕作与秸秆还田方式对玉米季农田氮损失的影响小于小麦季（图 6-14）。单季秸秆还田下，不同耕作方式的平均玉米季农田氮损失为 114.3 kg/hm²，与双季秸秆还田相比显著降低了 12.10%。不同耕作方式显著影响了玉米季农田氮损失，旋耕处理的单季和双季秸秆还田平均氮损失最低，为 103.18 kg/hm²。耕作和秸秆还田方式交互作用下，单季秸秆还田配合深耕或旋耕处理能够显著降低玉米季农田

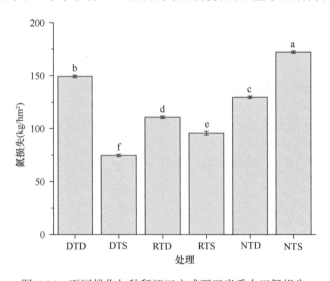

图 6-14 不同耕作与秸秆还田方式下玉米季农田氮损失

氮损失，氮损失分别降至 74.65 kg/hm² 和 95.69 kg/hm²；两种秸秆还田方式下免耕和双季秸秆还田下深耕则增加了玉米季农田氮损失。

6.4.3　耕作和秸秆还田方式对小麦—玉米周年农田氮损失的影响

小麦—玉米周年农田氮损失受耕作与秸秆还田方式的显著影响（图 6-15）。单季秸秆还田下不同耕作方式的平均周年氮损失为 167.21 kg/hm²，仅为双季秸秆还田处理的 46.83%。单季秸秆还田下，深耕处理的周年氮损失最小，为 98.55 kg/hm²，免耕处理的周年氮损失最大，为 268.32 kg/hm²。耕作和秸秆还田方式交互作用下，单季秸秆还田深耕处理周年氮损失最低，而双季秸秆还田深耕处理周年氮损失最高，分别为传统方式的 29.35% 和 120.61%。结果表明，旋耕处理下改双季秸秆还田为单季秸秆还田可减少 201.03 kg/hm² 的周年农田氮损失，进一步改传统旋耕为深耕能够再减少 36.21 kg/hm² 的周年农田氮损失。

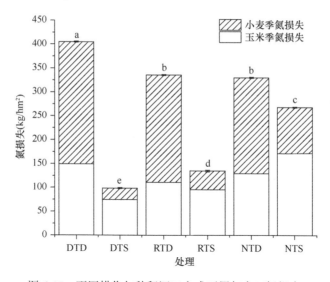

图 6-15　不同耕作与秸秆还田方式下周年农田氮损失

基于本章的研究结果，黄淮海地区小麦—玉米一年两熟种植制度下，因地制宜调整耕作与秸秆还田方式，有助于小麦—玉米周年氮肥减投高效和粮食丰产。改传统双季秸秆还田为单季秸秆还田，能够显著减少农田氮投入，在不显著降低作物地上部生物量积累和氮素吸收的前提下，实现周年增产和周年氮损失减小。双季秸秆还田下，改旋耕为深耕能够促进土壤氮库扩容、作物增产和氮素减排。综合考虑，小麦—玉米周年种植采用单季秸秆还田配合旋耕更适于作物丰产和氮肥高效。

参 考 文 献

王淳云, 张丛志, 张佳宝, 等. 2021. 添加外源物料对秸秆降解的影响及其效应研究. 中国农学通报, 37(21): 66-74.

赵杰, 林文, 孙敏, 等. 2021. 休闲期深翻和探墒沟播对旱地小麦水氮资源利用的影响. 应用生态学报, 32(4): 1307-1316.

Liu H, Wang Z, Yu R, et al. 2016. Optimal nitrogen input for higher efficiency and lower environmental impacts of winter wheat production in China. Agriculture, Ecosystems & Environment, 224: 1-11.

Zhang X, Xin X, Yang W, et al. 2021. Soil respiration and net carbon flux response to long-term reduced/no-tillage with and without residues in a wheat-maize cropping system. Soil & Tillage Research, 214: 105182.

第7章　小麦—玉米周年种植系统碳氮优化管理技术

7.1　氮增效肥料研制及小麦—玉米周年施用技术

近年来，为了提高小麦—玉米周年产量，过量施用化肥（Wang et al.，2011）和大水漫灌现象突出，由此引起的农田氮素淋失问题日益严重（陈效民等，2001；李晶等，2003；王荣萍等，2006；Guo et al.，2010；张玉铭等，2011）。我国氮肥投入量占全球用量的 1/4～1/3，氮肥施用量超过作物实际需要，化肥的增产效应和氮肥利用率持续下降。研究表明，我国小麦—玉米周年轮作体系中氮肥过量施用相当严重，总氮淋失率达 17%以上；华北平原浅层地下水，35%的采样点位地下水受到不同程度的硝酸盐污染。过量施肥和不合理农田管理措施已成为农田氮元素迁移转化失衡、氮淋失加剧的主要原因（刘秀珍和孙立艳，2004；Dong et al.，2016；林丽丹等，2017；李嘉竹等，2018；Poffenbarger et al.，2018）。因此，保证小麦—玉米周年高产前提下，实现氮素养分的高效利用是保障我国粮食安全、实现农业可持续发展亟待解决的重要科技问题。

针对过量施氮导致土壤氮素淋失的现象，目前农田主要防治措施有：①科学施用氮肥，提高肥料利用率；②合理管理土壤水分，控制氮素流失；③施用增效肥料，控制氮释放；④秸秆还田，改善土壤环境。

目前，国内外主要的肥料增效技术是在复混肥料生产过程中加入腐植酸、海藻酸和氨基酸等天然活性物质对尿素进行改性，从而提高肥料的氮素利用率。华南农业大学研究了海藻工业废渣对尿素的增效作用，中国农业科学院农业资源与农业区划研究所利用发酵过的海藻液制备了肥料增效剂（申请号：2012102156937）和海藻酸尿素（申请号：201110402369），并实现了海藻酸尿素的产业化生产。2011年中国农业科学院农业资源与农业区划研究所研发了腐植酸肥料助剂，并开发了腐植酸尿素新产品。聚天冬氨酸具有极强的螯合、分散和吸附作用，1996 年美国 Donlar 公司、德国 Bayer 公司和 BASF 公司相继实现了规模化生产，2000 年北京中农瑞利源科技有限公司、石家庄德赛化工有限公司进一步将其制成增效肥料用于农业生产。目前湖北新洋丰肥业有限公司和华中农大合作开发了聚谷氨酸增效复合肥，具有很好的节肥、增产增收的效果。然而，上述产品成本较高、工艺复杂且增效效果不稳定，无形中提高了肥料推广应用的门槛，尚不能在满足粮食持续高产的前提下实现养分高效的同时兼顾环境安全。

在前人研究的基础上，需要我们进一步研发低成本且工艺简单的氮素增效剂，制备出氮素增效肥料并建立针对小麦—玉米的周年肥料养分高效利用的施肥技术，以期实现小麦—玉米周年高产和氮素高效的协同提高。膨润土是指具有层状构造的含水铝硅酸盐矿物，是构成黏土岩、土壤的主要矿物组分。我国膨润土资源种类多、分布广、储量大，现已探明储量达 24 亿 t。膨润土表面积较大，具有较强的离子交换能力和较高的吸附性能（Liu et al., 017），被广泛用于环境修复（Karaca et al., 2016）。酸改性的膨润土复合材料（Bazbouz and Russell, 2018）具有生理酸性，通过离子交换作用可以作为天然水体中铵离子的吸附剂。因此，我们假设，如果改性黏土材料在土壤也能吸附铵离子，就具备了吸附肥料氮的可能性和进一步作为肥料氮增效材料的潜力。

秸秆还田由于其经济成本低，操作简单，养分利用率高，是目前我国最主要的秸秆利用方式。已有研究表明，秸秆还田对控制土壤氮素淋失有显著效果，其主要作用如下：①改善土壤理化性质，增加氮固持；②激发土壤微生物和酶活性，增加微生物数量，刺激氮转化，加强氮素固持或减少氮素积累；③补充土壤有机质，提高植物的氮利用能力。农作物秸秆富含有机质和微量元素，还田不仅能增加土壤有机碳含量（Nakajima et al., 2016；Chen et al., 2017），调节碳氮比，改善土壤理化性质，提高农作物产量，而且可以促进农作物对氮素的吸收（徐莹莹等，2018），实现土壤氮固持。此外，秸秆分解后还能为土壤提供充足的碳源，促进氮转化过程，从而缓解土壤施氮过量引起的氮素积累和 NO_3^- 淋失（祁剑英等，2018），阻断其下渗污染地下水的途径，从根源上减少农业面源氮污染，并且提高秸秆的综合利用率，产生良好的环境效益，是改善土壤理化性质、增加土壤肥力、减少氮淋失的有效措施。

因此，本研究基于小麦—玉米周年秸秆全还田的背景，研制改性膨润土材料作为增效剂，制备增效肥料产品，建立小麦—玉米周年氮肥施用技术，为农业面源污染防控与治理提供技术支撑。本节涉及的土壤淋洗试验、土壤培养试验所用土壤为 0～20 cm 深的农田耕作土，土壤类型为棕壤，位于泰安市泰山区宅子村。本节涉及的大田试验同样位于泰安市泰山区宅子村，为小麦—玉米轮作区，双季秸秆全还田。

7.1.1 氮素增效材料研制

采用水热合成法，95℃下加入腐植酸（HA）溶液对天然钙基膨润土进行改性，通过洗酸、干燥、研磨后得到所需的改性膨润土材料。开展膨润土改性前后结构和理化性质及水溶液中对 NH_4^+ 吸附效果研究，对改性膨润土的氮素增效效果进行初步评价。

7.1.1.1　膨润土改性前后结构和理化性质分析

改性前后膨润土的表面变化见图 7-1。改性前（图 7-1a），膨润土表面呈典型的层状结构，黏土颗粒多呈片状，松散不规则。与改性膨润土相比，膨润土的剥离层、松散层和卷曲层较多。改性后（图 7-1b），改性膨润土的层状结构表现为层状排列的片状结构。这表明一定量的 HA 可以插入膨润土，说明 HA 的作用使膨润土颗粒变形、破碎、剥落，使改性膨润土层排列有序（Moussout et al.，2018）。

改性前后膨润土的傅里叶变换红外光谱（FT-IR）见图 7-2。在 3620 cm^{-1} 和

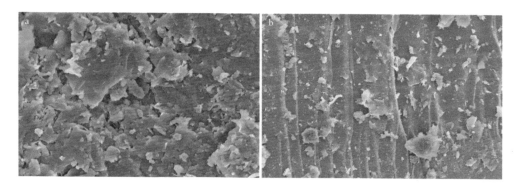

图 7-1　膨润土改性前（a）和改性后（b）扫描电子显微镜照片

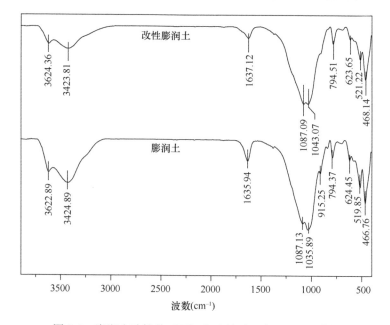

图 7-2　膨润土改性前（下）和改性后（上）FT-IR 谱图

3420 cm^{-1} 附近的吸收带属于—OH 基团的伸缩振动（Li et al.，2010）。在 1630 cm^{-1} 附近观察到—OH 基团的弯曲振动。与天然膨润土相比，改性膨润土在 3624.36 cm^{-1}、3423.81 cm^{-1} 和 1637.12 cm^{-1} 处的—OH 伸缩和弯曲振动带明显变弱和变宽，证实腐植酸与膨润土中大量的—OH 基团发生反应。改性膨润土在 1035.89 cm^{-1} 处的 C—O—C 伸缩振动消失，说明添加腐植酸后膨润土中的碳酸盐消失。膨润土中腐植酸与碳酸盐之间存在化学键。可见，膨润土和改性膨润土的红外光谱非常相似。除上述条带外，未出现新的吸收峰。结果表明，腐植酸可以通过进入膨润土层或其表面交换离子来改善膨润土层间的距离。

改性前后膨润土的粉末 X 射线衍射（XRD）图谱见图 7-3。图 7-3a 清楚地显示了膨润土和改性膨润土的平行层状结构，与膨润土基底（001）反射相对应的峰值约为 2θ=6.03°，对应于蒙脱石黏土，而改性膨润土的峰值约为 2θ=5.36°。层间距离 d（$d=\lambda/2\sin\theta$）为 1.46 nm，即膨润土片的厚度。然而，改性后的膨润土层间距增加到约 1.67 nm。

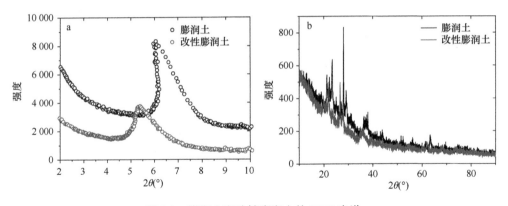

图 7-3　膨润土和改性膨润土的 XRD 光谱
a. 衍射角 2θ 范围 1°～10°；b. 衍射角 2θ 范围 10°～90°

改性前后膨润土的热稳定性通过热重分析法（TGA）在氮气气氛中进行表征（图 7-4）。152.11℃时，膨润土的重量损失百分比为 26.5%，而在 147.59℃时只有 2.954% 的改性膨润土被分解，说明改性后的膨润土热稳定性提高。一般来说，40～160℃的初始重量损失可归因于蒸发和黏土层之间捕获的低分子量有机酸造成的吸收水损失（Zamparas et al.，2013）。但在此温度范围内，改性膨润土的失重率仅为 2.954%，这是由吸水引起的，说明 HA 并不是简单地吸附在膨润土的两层之间，而是在两层之间发生化学反应。

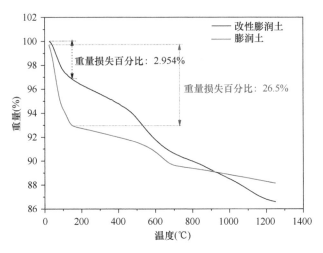

图 7-4　膨润土和改性膨润土的 TGA 光谱变化

7.1.1.2　pH、盐度对改性膨润土吸附 NH₄⁺的影响

pH 是研究铵离子液固界面吸附过程的主要影响因素。改性膨润土对 NH_4^+ 的吸附效率在 pH 为 7 时达到 96.4%（图 7-5a），远高于天然膨润土（pH 为 7 时为 57.0%）。改性膨润土和天然膨润土的 NH_4^+ 吸附效率在不同 pH 下保持稳定（Kaufhold and Dohrmann，2009）。

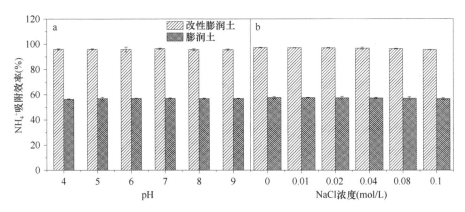

图 7-5　pH（a）和盐度（b）对天然膨润土和改性膨润土吸附 NH_4^+ 的影响

NH_4^+ 浓度为 2 mg/L，吸附剂剂量为 0.02 g，T=25℃，作用时间 8 h，n=4

土壤溶液是一个由许多无机盐组成的水体系。因此，我们选择 NaCl 作为外部电解质来研究盐度对 NH_4^+ 吸附的影响（Ho and McKay，1999）。图 7-5b 表明，改性膨润土和天然膨润土对 NH_4^+ 的吸附效率在不同 NaCl 浓度下无明显变化，且改性膨润土对 NH_4^+ 的吸附效率仍远高于天然膨润土。结果表明：改

性后膨润土对 NH$_4^+$的吸附效率显著提高，且不受外界因素如 NaCl 浓度和 pH 的影响。

7.1.1.3 改性膨润土对 NH$_4^+$的吸附动力学及吸附等温线

吸附动力学通常用来研究吸附速度，它与接触时间密切相关。吸附量随时间的变化直接反映了吸附速率。图 7-6a 显示了 NH$_4^+$在改性膨润土上的吸附动力学行为，相互作用时间为 0～2880 min。在反应伊始的短时间内，就呈现了很高的吸附效率，可归因于活性位点的快速占用（Ali et al.，2016），二者反应 120 min 后，改性膨润土对 NH$_4^+$的吸附达到平衡。采用拟一阶和拟二阶模型对改性膨润土吸附 NH$_4^+$的机理进行的研究发现，改性膨润土吸附 NH$_4^+$的动力学过程与拟一级动力学模型不符。通过相关系数证明，拟二级动力学模型可以很好地拟合铵离子在改性膨润土上的吸附动力学（图 7-6b）。因此，改性膨润土对 NH$_4^+$的吸附被断定为化学吸附，通过在改性膨润土和 NH$_4^+$之间共享或交换电子参与反应来完成（Yu et al.，2007；Shi et al.，2020）。

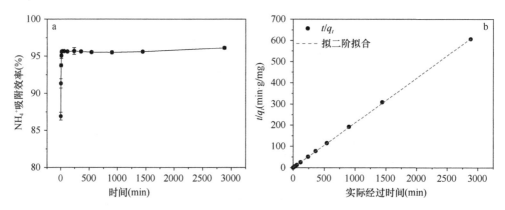

图 7-6 天然膨润土和改性膨润土对 NH$_4^+$的吸附动力学（a）与拟二阶动力学模型拟合（b）

NH$_4^+$浓度为 2 mg/L，吸附剂剂量为 0.02 g，pH=7.0，T=25℃，n=4，t 代表吸附时间，q_t 代表在某一吸附时间每毫克吸附剂吸附铵离子的量

等温吸附试验用来研究环境物质在相同温度下对不同初始浓度铵离子的吸附效果，可以提供最大饱和吸附容量和吸附类型的信息。等温吸附模型包括朗缪尔（Langmuir）模型、弗罗因德利希（Freundlich）模型、雷德利希-彼得松（Redlich-Peterson）模型、特姆金（Temkin）模型等。Langmuir 模型和 Freundlich 模型是描述固液吸附等温线最常用的两个模型（Yu et al.，2013）。显然，基于极高的相关系数（图 7-7），Langmuir 模型更能拟合改性膨润土吸附 NH$_4^+$的等温吸附曲线，表明改性膨润土对 NH$_4^+$的吸附属于单层化学吸附。改性膨润土等温吸附 NH$_4^+$的

分离因子 RL 在 0～1，说明改性膨润土对 NH₄⁺的吸附是自发的。

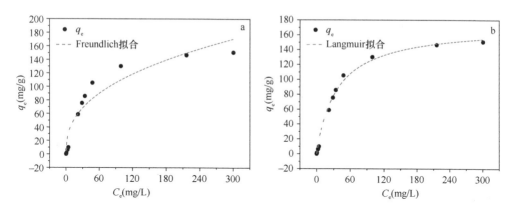

图 7-7　Freundlich 模型（a）和 Langmuir 模型（b）拟合了膨润土和改性膨润土对 NH₄⁺的吸附等温线

NH₄⁺浓度为 0.5～20 000 mg/L，吸附剂量为 0.02 g，pH=7.0，T=25℃，n=4，q_e 代表吸附达到平衡时每毫克吸附剂吸附铵离子的量，C_e 代表吸附达到平衡时溶液中铵离子浓度

7.1.2　改性膨润土对 NH₄⁺-N 和 NO₃⁻-N 淋失量的影响

氮素淋溶是造成氮肥利用率低的重要因素（Ju and Zhang，2017），氮在土壤中的保留时间是决定植物吸收和利用氮的主要因素之一（Borchard et al.，2019）。本节中 4 个处理在不同淋洗时间土壤 NH₄⁺-N 淋溶量结果（图 7-8a）表明，NH₄⁺-N 的淋溶主要来源于外源氮的添加。随着淋洗时间的延长，NH₄⁺-N 淋溶量逐渐减少。与单施尿素处理相比，尿素与膨润土（Urea-B）处理的 NH₄⁺-N 淋失量分别减少了 3.3%（第 2 天）、1.7%（第 8 天）和 0.3%（第 14 天）。但在第 20 天，Urea-B 处理的 NH₄⁺-N 淋溶量显著高于单施尿素处理。与单施尿素处理相比，尿素与改性膨润土（Urea-MB）处理的 NH₄⁺-N 淋溶量分别减少了 6.6%（第 2 天）、9.3%（第 8 天）、14.8%（第 14 天）、5.3%（第 20 天）、44.3%（第 26 天）和 73.5%（第 32 天）。NH₄⁺-N 累积淋失量的顺序为：Urea-B>单施尿素>Urea-MB>CK。Urea-MB 处理的 NH₄⁺-N 累积淋失量较其他施氮肥处理低得多。这表明改性膨润土在土壤溶液中对 NH₄⁺仍具有较强的吸附能力。

图 7-8b 显示，不同处理土壤淋溶液中 NO₃⁻-N 浓度呈先升高后降低的趋势，CK 和尿素处理的 NO₃⁻-N 浓度峰值出现在第 14 天，Urea-B 和 Urea-MB 处理的 NO₃⁻-N 浓度峰值出现在第 20 天。Urea-MB 处理的 NO₃⁻-N 淋溶量略高于 CK 处理。CK、Urea-B 和 Urea-MB 处理的 NO₃⁻-N 淋溶量在前 4 次淋洗中急剧增加，随后增长趋势开始减缓，最后呈下降趋势。这些处理前 4 次淋洗中累积的 NO₃⁻-N 淋溶量占浸出总量的 80.8%，表明 NO₃⁻-N 的淋溶可能主要取决于前几个淋洗周期

（Saha et al.，2017）。与其他施氮肥处理相比，Urea-MB 处理土壤中 NO_3^--N 的累积淋溶量显著降低，说明 Urea-MB 处理能有效地减少土壤中 NO_3^--N 的淋失。结果表明，改性膨润土能显著降低土壤中无机氮素总的淋溶量。

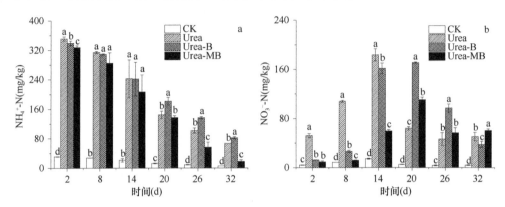

图 7-8　CK（不施氮肥）、单尿素（Urea）、尿素与膨润土（Urea-B）、尿素与改性膨润土（Urea-MB）联合处理对浸出液中 NH_4^+-N（a）和 NO_3^--N（b）含量的影响（n=4）

7.1.3　土壤 NH_3 挥发与 N_2O 排放

氮肥种类对土壤中 NH_3 挥发具有显著影响（Saha et al.，2019）。与单施尿素相比，施用膨润土和改性膨润土均可显著减少 NH_3 挥发（图 7-9a）。从第 0 天到第 90 天，与含尿素和膨润土的处理相比，Urea-MB 处理减少了土壤中 10.9%的 NH_3 累积挥发量。

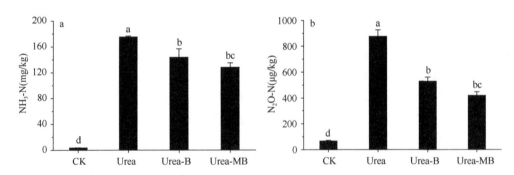

图 7-9　CK、尿素（Urea）、尿素与膨润土（Urea-B）和尿素与改性膨润土（Urea-MB）联合处理对土壤 NH_3 挥发（a）和 N_2O 排放（b）的影响
误差条表示 4 次独立试验（n=4）的标准差

与不施氮肥处理相比，施用氮肥会增加土壤中 N_2O 的排放（Chen et al.，

2018）。与单尿素处理相比，Urea-B 和 Urea-MB 处理都能显著减少土壤中 N_2O 的排放（图 7-9b）。从第 0 天到第 90 天，施用膨润土或改性膨润土分别比单尿素处理 N_2O 累积排放减少 39.6% 和 52.7%。

与单施尿素处理相比，施用膨润土或改性膨润土均能抑制土壤 NH_3 挥发和 N_2O 排放。Urea-B 和 Urea-MB 处理的土壤 NH_3 挥发和 N_2O 排放没有显著差异。膨润土和改性膨润土中存在大量的阳离子交换位点，膨润土和改性膨润土可以吸附更多的 NH_4^+ 离子，从而显著减少了土壤中氮素的气体损失。

7.1.4　小麦产量与氮素吸收

如果改性膨润土对 NH_4^+ 的吸附能力太强，影响作物对氮素的吸收，则不能作为氮增效剂使用。因此，必须通过田间试验明确改性膨润土对小麦产量和氮素吸收的影响。与单施尿素相比，添加改性膨润土能显著提高小麦产量（图 7-10a）。添加天然膨润土小麦产量高于单施尿素处理，但差异不显著。小麦吸氮量顺序为：Urea-MB＞Urea-B＞Urea＞CK（图 7-10b）。与单施尿素处理相比，添加膨润土或改性膨润土与尿素配施小麦对氮素的吸收（N 吸收）显著高于单施尿素处理。改性膨润土不仅对 NH_4^+ 有明显的吸附能力，而且能显著提高小麦对氮肥的吸收，可以作为氮肥增效剂使用。

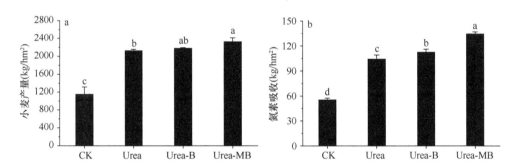

图 7-10　CK、单尿素（Urea）、尿素与膨润土（Urea-B）和尿素与改性膨润土（Urea-MB）组合处理对小麦产量（a）和氮素吸收（b）的影响（$n=3$）

7.1.5　氮素增效肥料制备

为了制备氮素增效肥料，我们进一步研究了改性膨润土作为氮素增效剂在肥料制备过程中的添加及肥料制备工艺。根据造粒工艺生产增效复混肥料过程中成分复杂、温度高等特点，我们联合企业，开发出射流、静态混合技术，测定出各加入位点增效剂的分解量以确定合理位点，同时采用高效雾化、均匀分散工艺，降低增效剂的损耗量，提高增效剂在复混肥料颗粒中的分布和有效性。进一步加入氮磷钾养分单质，需注意的是，氮素养分必须为酰胺态氮或/和铵态氮，最后通过配料、造粒、烘干、筛分、冷却及后加工技术得到增效复混肥料（图 7-11）。

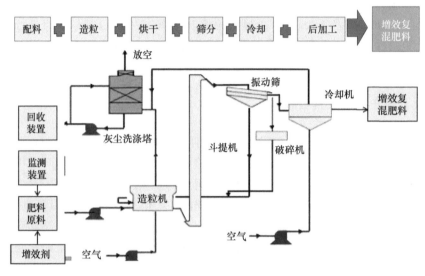

图 7-11　增效复混肥料生产工艺

7.1.6　小麦—玉米减源增效农艺阻控技术

我们将制备的氮素增效肥料，在黄淮海平原不同土壤类型进行大区示范，最终确立了该肥料在不同土壤类型的施肥技术规程。该技术操作规程适用于秸秆全还田条件下棕壤、潮土、褐土小麦—玉米周年轮作区，针对土壤有机质 10 g/kg 以上、小麦产量 450～600 kg/亩、玉米产量 550～700 kg/亩的生产目标制订，该技术能够实现提高作物产量与养分利用效率，降低肥料不合理施用所引发的环境污染，使小麦、玉米主产区的氮肥利用率提高 3%～5%，肥料投入减少 8% 以上，实现氮淋失负荷下降 20%～30%，该技术规程可供生产中参考使用。

7.1.6.1　品种选用和种子处理

选用肥水高效性、丰产性和抗逆性兼顾的当地适宜的主栽品种等，小麦可选用济麦 22、鲁原 502、山东 32 等，玉米可选用郑单 958、鲁单 9088 等抗旱性强的品种，种子质量应符合《粮食作物种子　第 1 部分：禾谷类》（GB 4404.1—2008）的规定。

播种前对种子进行精选，并采用杀虫剂、杀菌剂及生长调节物质包衣或药剂拌种，保证苗齐、苗壮，预防土传、种传病害及地下害虫。种子包衣应符合《农作物薄膜包衣种子技术条件》（GB/T 15671—2009）的要求，农药使用应符合《农药合理使用准则（十）》（GB/T 8321.10—2018）的要求。

7.1.6.2　整地

玉米收获后，按规范化作业程序整地、播种。已连续 3 年以上旋耕的地块，须深耕 20 cm 以上，耕后耙地、耱压、耢地，做到耕层上虚下实、土面细平。最近 3 年内深耕过的地块，可旋耕 2 遍，深度大于 10 cm。必须确保旋耕质量，以防影响播种质量，造成缺苗断垄。

7.1.6.3　肥料选用及质量要求

小麦、玉米氮素增效复混肥料须符合标准《复合肥料》（GB/T 15063—2020）。小麦氮素增效复混肥料，氮磷钾养分含量 17-18-6；玉米氮素增效复混肥料，氮磷钾养分含量 21-12-8。肥料中含有 10% 的腐植酸改性膨润土作为增效材料，通过对铵离子的吸附作用达到减肥不减产的目标。

7.1.6.4　小麦—玉米施肥量与施肥方法

（1）该技术操作规程适用于棕壤、潮土、褐土小麦—玉米轮作区。

（2）针对土壤有机质 10 g/kg 以上、小麦产量 450～600 kg/亩、玉米产量 550～700 kg/亩的生产目标制订。

（3）适用于种肥同播，在作物机械播种时一次性深施入，施肥深度应在种子侧方 5～8 cm、下方 10～15 cm 的位置。

（4）在冬小麦上施用，潮土区、褐土区可保证氮减量 20% 不减产；棕壤区氮减量 30% 不减产，使用方法与施用量见表 7-1。在夏玉米上施用，潮土区、棕壤区可保证氮减量 30% 不减产；褐土区可保证氮减量 20% 不减产，使用方法与施用量见表 7-2。

表 7-1　不同土壤类型小麦施肥量与施肥方法

土壤类型	目标产量	施肥时期	基肥	追肥（N）
潮土	450 kg/亩	播种期氮减量 20%	氮素增效复混肥料 37.65 kg/亩，硫酸钾 7.29 kg/亩	—
		拔节期氮减量 20%	—	尿素 12.52 kg/亩
褐土	480 kg/亩	播种期氮减量 20%	氮素增效复混肥料 37.65 kg/亩，硫酸钾 7.29 kg/亩	—
		拔节期氮减量 20%	—	尿素 12.52 kg/亩
棕壤	560 kg/亩	播种期氮减量 30%	氮素增效复混肥料 32.94 kg/亩，硫酸钾 7.29 kg/亩	—
		拔节期	—	尿素 15.65 kg/亩

表 7-2　不同土壤类型玉米施肥量与施肥方法

土壤类型	目标产量	施肥时期	基肥	追肥（N）
潮土	580 kg/亩	播种期氮减量30%	氮素增效复混肥料 29.17 kg/亩，硫酸钾 5.34 kg/亩	—
		拔节期	—	尿素 13.59 kg/亩
褐土	600 kg/亩	播种期氮减量20%	氮素增效复混肥料 33.34 kg/亩，硫酸钾 5.34 kg/亩	—
		拔节期氮减量20%	—	尿素 10.87 kg/亩
棕壤	680 kg/亩	播种期氮减量30%	氮素增效复混肥料 29.17 kg/亩，硫酸钾 5.34 kg/亩	—
		拔节期	—	尿素 13.59 kg/亩

7.2　夏玉米苗带清茬种肥精准同播技术

农作物秸秆焚烧是一种简单、有效、低成本的农业生产方式，但秸秆中含有氮、磷、钾、碳、氢元素及有机硫化合物等，露天焚烧直接污染大气环境，且影响身心健康与交通安全等，危险隐患大。2008 年，我国正式发布了禁止焚烧秸秆的政策，农作物秸秆综合利用方式发生了根本转变。秸秆综合利用主要包括肥料化、饲料化、燃料化、基料化和原料化的"五化"利用方式，五种方式的利用量占秸秆可收集量的比例分别为 62.1%、15.4%、8.5%、0.7%和 1.0%。目前，简单粉碎直接还田是秸秆利用的最主要方式。2021 年，我国秸秆还田量达 4 亿 t，其中玉米、水稻、小麦秸秆还田量分别为 1.26 亿 t、1.13 亿 t、1.04 亿 t，分别占可收集量的 42.6%、66.5%、73.7%。

冬小麦—夏玉米一年两熟轮作是黄淮海地区主要的种植制度，前茬小麦收获后夏玉米贴茬直播是主要的玉米播种方式。黄淮海地区小麦机械化收获水平较高，机收率达到 98%以上，且大多数小麦联合收获机都加装有秸秆粉碎还田装置，小麦秸秆基本实现全量还田。随着农业综合生产水平提高，秸秆还田量持续增多，秸秆年均产量超过 1.8 亿 t。秸秆还田方式不合理导致一系列生产问题，一是小麦秸秆还田量持续增加、秸秆处理不到位、秸秆抛洒不均匀和留茬高度过高等导致玉米播种出苗质量不高、群体整齐度差及病虫害发生严重等问题凸显；二是由于播种机调控精准度不够导致播种精准度低、种肥隔离性差、后期脱肥易早衰等问题，严重影响玉米高产高效，也不符合当前夏玉米生产轻简化、机械化、生态化和智能化的要求。鉴于此，山东省农业科学院玉米栽培生理与大田农机装备两个学科团队围绕玉米秸秆处理和精准播种环节联合攻关，明确了夏玉米苗带秸秆清洁和种肥精准同播的关键技术参数，创新出夏玉米苗带清茬种肥精准同播技术及其配套农机具，形成了"夏玉米苗带清茬种肥精准同播技术"。

7.2.1　技术原理

该技术通过采用"封闭苗带整理+深松重辊镇压"的方式完成苗带清理后的土壤压实及苗带外的地面秸秆覆盖，利用播种机前置清茬刀将播种行上的小麦秸秆移出到玉米行间，可以降低玉米播种行上的小麦秸秆对玉米出苗的不利影响，在高效制备清洁种床的同时，可实现有效保墒（图 7-12）。同时，采用"同位仿形+气吸精播"技术和"苗带整理+深松施肥"复式作业技术，辅以精准化信息调控，实现种子精准定位与均匀分布，有效发挥玉米品种、肥料产品、农机装备及栽培技术的精准凝聚效应，实现行株距、播种深度、施肥深度一致，保证苗全、苗齐、苗匀、苗壮。

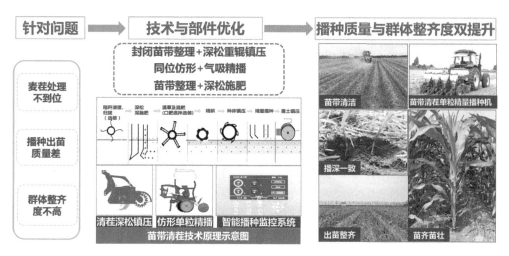

图 7-12　夏玉米苗带清茬种肥精准同播技术原理

7.2.2　技术示范推广与提质增效情况

该技术自 2013 年开始研发，重点针对夏玉米免耕播种条件下小麦秸秆处理不到位、播种精准度低导致播种质量普遍不高等问题，创新"三田（试验田+示范田+生产田）合一"的技术优化模式，与十余个新型农业经营主体合作建立高产攻关田和百千亩示范方 30 处，以山东省农业科学院小麦玉米周年高产与养分高效协同创新团队为创新主体，在科研团队和技术用户的互动过程中验证优化核心技术参数和农艺措施，建立了"三体协同"的技术"扁平化"高效应用模式，合力打造一批技术到位、生产效益突出的模范种粮合作社和典型示范区（表 7-3），累计示范面积已达 500 余万亩。

表 7-3   夏玉米苗带清茬种肥精准同播技术示范方建设情况（2018～2023 年）

年度	地点（经纬度）	种植面积（亩）	产量（kg/亩）	增产率（%）
2018	泰安东平（116°34′E，35°48′N）	150	715.2	12
2018	泰安岱岳（116°59′E，36°00′N）	105	715.1	5
2018	滨州邹平（117°42′E，37°01′N）	320	708.46	10.4
2019	淄博高新（117°59′E，36°54′N）	127.4	714.28	5.8
2019	泰安岱岳（116°59′E，36°00′N）	1 020	726.88	6.89
2019	泰安东平（116°34′E，35°48′N）	1 027	713.8	6.81
2020	泰安东平（116°36′E，35°59′N）	1 200	769	12.84
2020	泰安岱岳（116°59′E，35°57′N）	1 120	750	8.09
2020	滨州惠民（117°35′E，37°22′N）	113	748.8	11.22
2020	淄博高新（118°00′E，36°54′N）	131.5	738.5	6.99
2020	淄博博山（117°57′E，36°22′N）	118.7	729.78	8.33
2020	泰安东平（116°34′E，35°48′N）	116	760.23	8.91
2020	济南济阳（117°05′E，37°03′N）	235.3	740.19	8.61
2020	淄博淄川（118°00′E，36°54′N）	215.7	714.61	5.85
2021	烟台招远（120°22′E，37°26′N）	210	793.66	18.44
2021	临沂费县（118°01′E，35°19′N）	235	651.05	17.81
2021	菏泽郓城（115°54′E，35°45′N）	1 240	821.4	24.0
2022	临沂费县（118°01′E，35°19′N）	1 036	633.92	13.58
2022	滨州阳信（117°23′E，37°37′N）	1 112	645.72	7.38
2022	滨州无棣（117°37′E，38°00′N）	1 126	751.88	15.63
2022	德州齐河（118°40′E，37°45′N）	1 016	757.77	16.95
2023	临沂费县（116°36′E，36°36′N）	138	839.54	12.27
2023	菏泽郓城（115°55′E，35°32′N）	1 376	803.91	13.25
2023	滨州滨城（118°07′E，37°23′N）	1 463	768.62	13.12
2023	德州齐河（116°38′E，36°40′N）	1 365	854.04	13.01
	合计/平均	16 316.6	751.63	12.51

相比传统免耕播种，播种机械作业速度可达 6 km/h 以上，作业效率提升 25%～30%，粒距合格指数≥98.1%，播深合格率≥95%，出苗率提高 6.5%，群体整齐度提高 9.2%，肥料利用率提高 10.27%，平均增产 8.34%，亩节本增效 189.48 元（图 7-13）。该技术于 2018 年被山东省质量技术监督局批准发布为山东省地方标准，2021～2022 年连续 2 年被山东省农业农村厅等部门批准发布为山东省农业主推技术，2022 年被农业农村部办公厅推介发布为 2022 年粮油生产主推技术，关键技术环节授权国家发明专利 3 件、实用新型专利 2 件、软件著作权 2 项。

图 7-13　气吸式玉米苗带清茬单粒精量播种机及播种出苗效果

7.2.3　技术要点

7.2.3.1　麦茬处理

免耕残茬覆盖，小麦收获时，采用带秸秆切碎（粉碎）的联合收获机，秸秆均匀抛洒，留茬高度≤15 cm，秸秆切碎（粉碎）长度≤10 cm，秸秆切碎（粉碎）合格率≥90%，并均匀抛撒。

7.2.3.2　播种机械选择

选择玉米苗带清茬单粒精量播种机或苗带旋耕施肥播种机，实现清茬、开沟、播种、施肥、覆土和镇压等联合作业。土层板结情况下，宜选择具有深松多层施肥功能的玉米苗带清茬免耕精量播种机（图 7-14）。

图 7-14　玉米苗带清茬免耕精量播种机播种及出苗情况

7.2.3.3　品种选择

选用黄淮海区域经国家或省审定的株型紧凑耐密、抗病虫害、高产稳产的优良玉米杂交品种，播种前精选种子，种子的纯度和净度要达到98%以上，发芽率达到90%以上，含水量要低于13%。

7.2.3.4　合理密植

根据品种特性确定播种密度。耐密型玉米品种中低产田63 000~67 500株/hm²，高产田67 500~75 000株/hm²；非耐密型品种中低产田57 000~60 000株/hm²，高产田60 000~67 500株/hm²。

7.2.3.5　精准定肥

根据地力条件、秸秆还田量和产量水平确定施肥量。推荐选用玉米专用缓控释肥料，养分含量折合纯氮（N）180~210 kg/hm²、磷（P_2O_5）45~65 kg/hm²、钾（K_2O）60~75 kg/hm²，基施硫酸锌15~30 kg/hm²。秸秆腐熟需要氮肥，被土壤中的微生物分解时需要消耗一定量的氮素，土壤中氮不足，易出现微生物与作物争肥现象，会影响秸秆被分解的效率和玉米的正常生长。小麦秸秆还田一般需增施5 kg左右尿素来调节土壤碳氮比（适宜碳氮比为25∶1），秸秆还田量大的地块，可根据实际情况提高氮肥投入量。

7.2.3.6　种肥精准同播

采用免耕等行距单粒播种，行距（60±5）cm，播深3~5 cm；播种时利用旋耕刀在15~20 cm宽播种带进行5~10 cm的浅旋耕作，非播种带秸秆覆盖的半休闲式耕作，利用播种机前置清茬刀将小麦秸秆移出播种行，实现播种行秸秆量低于10%，有效提高夏玉米播种出苗质量。选用玉米专用缓控释肥料或稳定性肥料，种肥一次性集中施入。做到深浅一致、行距一致、覆土一致、镇压一致，防止漏播、重播或镇压轮打滑。粒距合格指数≥80%，漏播指数≤8%，晾籽率≤3%，伤种率≤1.5%。种肥分离，播种行与施肥行间隔8 cm以上，施肥深度在种子下方5 cm以上。

7.2.3.7　化学除草

出苗前防治，在播种后喷施精异丙甲草胺，按登记用量兑水450~675 L/hm²使用。出苗后防治，在玉米3~5叶期，喷施烟嘧磺隆和氯氟吡氧乙酸复配制剂或烟嘧磺隆和莠去津复配制剂等登记玉米苗后除草剂，按登记用量兑水 450~675 L/hm²使用。

7.2.3.8　病虫害防治

生物防治：在 7 月至 8 月中旬，玉米螟第二代和第三代成虫盛发期，释放赤眼蜂，分两次释放，每次 10 万头/hm²，间隔 5 天，可有效防治玉米螟；可采用寄生蜂等天敌防治草地贪夜蛾。或使用性诱剂（性诱剂水盆诱捕器 60 个/hm²）防控二点委夜蛾、玉米螟、桃蛀螟、棉铃虫、草地贪夜蛾等虫害。

物理防治：可在田间放置频振式杀虫灯，害虫成虫发生高峰期定时开灯，可有效防治鳞翅目害虫成虫。

化学防治：玉米苗期和心叶末期可选用氯虫苯甲酰胺、甲氨基阿维菌素、苏云金杆菌、溴酰·噻虫嗪等防治二点委夜蛾、玉米螟、黏虫、甜菜夜蛾、棉铃虫及其他鳞翅目害虫。玉米 5～8 叶期，用三唑酮可湿性粉剂或多菌灵进行叶面喷雾防治褐斑病；在玉米心叶末期，选用苯醚甲环唑、代森铵、吡唑醚菌酯、肟菌·戊唑醇等杀菌剂喷施防治叶斑类病害。

7.2.3.9　适时收获

当夏玉米苞叶变白、上口松开、籽粒基部黑层出现、乳线消失时，玉米达到生理成熟，即可采用玉米联合收获机进行收获。

7.2.4　适宜区域

本技术适宜推广应用的区域为黄淮海小麦—玉米一年两熟种植区。

7.2.5　注意事项

本技术在推广应用过程中需特别注意小麦收获机械及玉米播种机械机型的选择。小麦残茬的处理一定要符合标准，选择合适的小麦联合收获机，以确保麦茬、秸秆不会影响到玉米出苗。选择玉米免耕播种施肥联合作业机具，实现开沟、播种、施肥、覆土和镇压等联合作业。小面积作业宜选用勺轮式等一般玉米种肥同播机，大面积作业推荐气吸式或指夹式玉米精量播种机；在土层板结或带肥量大的情况下，宜选择深松多层施肥玉米精量播种机。

7.3　小麦—玉米周年种植秸秆还田与氮肥优化管理技术

冬小麦—夏玉米一年两熟轮作是黄淮海地区主要的种植制度，小麦玉米秸秆两季全量还田是主要的秸秆还田方式。近年来，秸秆产量随着粮食增产连年增加。实际生产中，玉米秸秆量大、处理不到位导致小麦播前整地质量不高、出苗率低；

小麦留茬过高、秸秆抛洒不均匀导致玉米播种质量不高、群体整齐度差等问题。同时,秸秆碳氮比较高、土壤腐解能力有限,过量还田不但造成秸秆资源的浪费,还一定程度上加剧农田病虫害发生。当前小麦玉米秸秆两季全量还田的管理方式严重影响了周年高产高效,也不符合当前农业资源高效化、绿色标准化的要求。鉴于此,山东省农业科学院玉米栽培生理创新团队与小麦玉米周年高产与养分高效协同创新团队统筹生产实际和科学探索,优化小麦玉米周年秸秆管理方式,协同改善作物产量和生态效益,明确了小麦—玉米一年两熟集约化种植制度下秸秆优化管理的关键措施,创新出小麦—玉米周年种植秸秆与氮肥优化管理技术。

7.3.1 技术原理

小麦—玉米周年种植秸秆与氮肥优化管理技术,一是针对秸秆还田量大的问题,确定适宜的小麦玉米秸秆还田量;二是针对秸秆还田影响作物播种、出苗质量的问题,在优化秸秆还田方式的同时匹配新型播种方式和机械;三是针对秸秆与氮肥资源利用率不高的问题,优化秸秆与氮肥管理,协同提高粮食产量、资源利用率和环境效益。推广小麦—玉米周年种植秸秆与氮肥优化管理技术应用,能够充分挖掘小麦玉米周年生产潜力,显著提高秸秆管理水平,在提高秸秆利用效率的同时,减少化学肥料投入品施用,实现增产增效,促进农田绿色高产高效,产生较大的社会效益和生态效益。

7.3.2 技术示范推广情况

本技术自 2012 年开始研发,采取“定位试验—技术集成—示范带动”的技术路线,“农—科—教—推”与“省—县—乡—村”四级联动,建了山东省不同生态区“1+N”小麦玉米周年种植秸秆与氮肥优化管理定位监测平台与示范推广网络。在济南章丘区、德州齐河县和泰安岱岳区等地建立小麦—玉米周年种植秸秆与氮肥优化管理核心示范基地 8 个,合计 1000 亩;累计建设周年种植秸秆与氮肥优化管理技术百千亩示范方 25 个,合计示范超过 20 万亩。以示范方为样板田,通过典型引领的方式在鲁中、鲁西南、鲁北和鲁东等区域进行了大面积示范应用,累计示范面积超过 400 万亩。

7.3.3 技术提质增效情况

本技术促进了资源高效利用,实现了小麦—玉米周年增产增效,周年平均产量和净收入分别达到 14.98 t/hm² 和 2.74 万元/hm²,同时实现农田土壤周年固碳 1.48 t C/hm²,较常规秸秆管理方式农田系统净收入增加 28.27%,单位产量的田间温室气体排放减少 85.45%，有利于作物生产力提升和土壤固碳。

7.3.4　技术要点

7.3.4.1　玉米根茬处理

玉米秸秆收获离田后，采用灭茬粉碎机进行玉米茬处理，粉碎刀入土深度≤10 cm；残茬切碎（粉碎）长度≤5 cm，漏切率≤3%，大于 5 cm 的根茬数量≤5%，站立漏切根茬≤0.5%，碎茬与土壤混合均匀，地表细碎平整。

7.3.4.2　小麦播前整地与基肥施用

耕地选用旋耕与深耕结合的耕作方式。连续两年旋耕后的第三年进行深耕，应深耕 25 cm 以上，破除犁底层，耕翻后再用联合整地机或旋耕犁进行耕耙、镇压整平，使得耕层土壤上松下实；最近 3 年内深耕过的地块，可旋耕 2 遍，耕深不小于 15 cm。整地与基肥施用结合，将 3000 kg/hm^2 的有机肥和 900 kg/hm^2 的小麦专用缓控释复合肥（氮磷钾养分含量分别为 24%、15% 和 6%）作为基肥与耕层土壤均匀混合。

7.3.4.3　小麦播种

选用与种植模式规格标准相配套的小麦精播机或半精播机播种。根据畦宽和苗带宽度确定播种行数，行距宜为 20～28 cm。两幅间及与边行间预留 30 cm 玉米播种行，预留行也作为小麦田间管理机械行走道。小麦田间管理机械轮距宜为120～180 cm。播种深度为 3～5 cm，下种均匀，深浅一致，不漏播，不重播。选用带镇压器的播种机同步镇压或播种后再用镇压器镇压 1～2 遍。秸秆优化管理技术应用显著提高了整地与播种质量（图 7-15）。

图 7-15　小麦—玉米周年种植秸秆优化管理技术应用与传统方式对比

7.3.4.4　小麦收获与秸秆处理

蜡熟末期收获，籽粒颜色接近本品种固有光泽，宜使用秸秆粉碎和抛撒效果好并配置北斗导航辅助驾驶系统的纵轴流谷物联合收获机。留茬高度≤15 cm,秸秆粉碎长度≤10 cm,秸秆切碎合格率≥90%,并均匀抛撒。

7.3.4.5 玉米播种与基肥施用

种肥精准同播,单粒播种,所选播种机具应与种植模式规格标准相配套(图 7-16)。贴茬直播,宜采用等行距机械播种,行距宜 60 cm。清茬直播,可采用等行距或大小行机械播种,大小行播种时,大行距一般为 70~80 cm,小行距一般为 40~50 cm;播种深度为 3~5 cm。种肥同播分层施肥,600 kg/hm^2 的玉米硫基缓控释复合肥(氮磷钾养分含量均为 17%)一次性集中施入,种肥水平与垂直间隔均为 8~10 cm。因小麦秸秆全量还田,再增施 10%的氮肥作为基肥。

图 7-16 玉米苗带清茬单粒精量播种机与播种效果

7.3.4.6 玉米收获与秸秆回收

玉米籽粒基部与穗轴连接处出现"黑层"、乳线消失时适期收获。玉米籽粒含水率小于 28%时采用籽粒机收获,否则应采用摘穗机收获(图 7-17)。选用割台

图 7-17 玉米收获与秸秆回收

行距与玉米种植行距相适应的收获机械。玉米收获后，秸秆使用打捆机打捆裹包收获饲用，留茬高度≤8 cm。

7.3.5　适宜区域

本技术适宜推广应用的区域为黄淮海小麦—玉米一年两熟种植区。

7.3.6　注意事项

该技术在推广应用过程中需特别注意小麦秸秆还田后玉米播种方式与机械的选择。选择合适的小麦联合收获机或者灭茬机械，以确保麦茬、秸秆不会影响到玉米播种和出苗。选择玉米苗带清茬种肥精准同播播种机，实现清茬、播种、施肥、覆土和镇压等联合作业，并依据还田量适量增加氮肥投入以缓解秸秆腐解与作物竞争土壤氮。选择深松多层施肥玉米精量播种机，种肥分离到位，防止烧苗。秸秆回收后一般饲用，或是作为其他工业原料使用。

参 考 文 献

陈效民, 潘根兴, 沈其荣, 等. 2001. 太湖地区农田土壤中硝态氮垂直运移的规律. 中国环境科学, 21: 481-484.

李嘉竹, 黄占斌, 鲍芳, 等. 2018. 环境功能材料水肥保持性能的综合评价. 中国水土保持科学, 16: 128-136.

李晶, 王明星, 王跃思, 等. 2003. 农田生态系统温室气体排放研究进展. 大气科学, 27: 311-320.

林丽丹, 王哲, 顾伟, 等. 2017. 沸石水合氧化锆吸附水中的磷. 环境工程学报, 11: 54-60.

刘秀珍, 孙立艳. 2004. 膨润土和磷肥对石灰性土壤无机磷形态转化及有效性的影响. 核农学报, 18: 59-62.

祁剑英, 王兴, 濮超, 等. 2018. 保护性耕作对土壤氮组分影响研究进展. 农业工程学报, 34: 222-229.

王荣萍, 余炜敏, 黄建国, 等. 2006. 田间条件下氮的矿化及硝态氮淋溶研究. 水土保持学报, 20: 82-84, 109.

徐莹莹, 王俊河, 刘玉涛, 等. 2018. 秸秆不同还田方式对土壤物理性状, 玉米产量的影响. 玉米科学, 26(5): 78-84.

张玉铭, 胡春胜, 张佳宝, 等. 2011. 农田土壤主要温室气体(CO_2、CH_4、N_2O)的源汇强度及其温室效应研究进展. 中国生态农业学报, 19: 240-249.

Ali R M, Hamad H A, Hussein M M, et al. 2016. Potential of using green adsorbent of heavy metal removal from aqueous solutions: Adsorption kinetics, isotherm, thermodynamic, mechanism and economic analysis. Ecological Engineering, 91: 317-332.

Bazbouz M B, Russell S J. 2018. Cellulose acetate/sodium-activated natural bentonite clay nanofibres produced by free surface electrospinning. Journal of Materials Science, 53: 10891-10909.

Borchard N, Schirrmann M, Cayuela M L, et al. 2019. Biochar, soil and land-use interactions that reduce nitrate leaching and N₂O emissions: A meta-analysis. Science of the Total Environment, 651: 2354-2364.

Chen J, Lv S Y, Zhang Z, et al. 2018. Environmentally friendly fertilizers: A review of materials used and their effects on the environment. Science of the Total Environment, 613-614: 829-839.

Chen Z, Wang H, Liu X, et al. 2017. Changes in soil microbial community and organic carbon fractions under short-term straw return in a rice-wheat cropping system. Soil & Tillage Research, 165: 121-127.

Dong S T, Wang J F, Li J, et al. 2016. Lysimeter study of nitrogen losses and nitrogen use efficiency of northern Chinese wheat. Field Crops Research, 188: 82-95.

Guo J H, Liu X J, Zhang Y, et al. 2010. Significant Acidification in Major Chinese Croplands. Science, 327: 1008-1010.

Ho Y S, McKay G. 1999. Pseudo-second order model for sorption processes. Process Biochemistry, 34: 451-465.

Ju X T, Zhang C. 2017. Nitrogen cycling and environmental impacts in upland agricultural soils in North China: A review. Journal of Integrative Agriculture, 16: 2848-2862.

Karaca G, Baskaya H S, Tasdemir Y. 2016. Removal of polycyclic aromatic hydrocarbons (PAHs) from inorganic clay mineral: bentonite. Environmental Science & Pollution Research, 23: 242-252.

Kaufhold S, Dohrmann R. 2009. Stability of bentonites in salt solutions/sodium chloride. Applied Clay Science, 45: 171-177.

Li Q, Gao D W, Wei Q F, et al. 2010. Thermal stability and crystalline of electrospun polyamide 6/organo-montmorillonite nanofibres. Journal of Applied Polymer Science, 117: 1572-1577.

Liu Z S, Zhang Y, Liu B Y, et al. 2017. Adsorption performance of modified bentonite granular (MBG) on sediment phosphorus in all fractions in the West Lake, Hangzhou, China. Ecological Engineering, 106: 124-131.

Moussout H, Ahlafi H, Aazza M, et al. 2018. Bentonite/chitosan nanocomposite: Preparation, characterization and kinetic study of its thermal degradation. Thermochimica Acta, 659: 191-202.

Nakajima M, Cheng W, Tang S, et al. 2016. Modeling aerobic decomposition of rice straw during the off-rice season in an Andisol paddy soil in a cold temperate region of Japan: Effects of soil temperature and moisture. Soil Science and Plant Nutrition, 62(1): 90-98.

Poffenbarger H J, Sawyer J E, Barker D W, et al. 2018. Legacy effects of long-term nitrogen fertilizer application on the fate of nitrogen fertilizer inputs in continuous maize. Agriculture Ecosystems & Environment, 265: 544-555.

Saha B K, Rose M T, Wong V N L, et al. 2017. Hybrid brown coal-urea fertilizer reduces nitrogen loss compared to urea alone. Science of the Total Environment, 601-602: 1496-1504.

Saha B K, Rose M T, Wong V N L, et al. 2019. A slow-release brown coal-urea fertilizer reduced gaseous N loss from soil and increased silver beet yield and N uptake. Science of the Total Environment, 649: 793-800.

Shi W, Ju Y Y, Bian R J, et al. 2020. Biochar bound urea boosts plant growth and reduces nitrogen leaching. Science of the Total Environment, 701: 134424.

Wang X B, Cai D X, Hoogmoed W B, et al. 2011. Regional distribution of nitrogen fertilizer use and N-saving potential for improvement of food production and nitrogen use efficiency in China. Journal of the Science of Food and Agriculture, 91: 23-2013.